Computer-Aided
Translation

计算机辅助翻译基础

唐旭日 张际标 编著

WUHAN UNIVERSITY PRESS
武汉大学出版社

图书在版编目(CIP)数据

计算机辅助翻译基础:汉、英/唐旭日,张际标编著. —武汉:武汉大学出
版社,2017.7(2018.7 重印)
ISBN 978-7-307-19286-7

Ⅰ.计… Ⅱ.①唐… ②张… Ⅲ.自动翻译系统—汉、英
Ⅳ.TP391.2

中国版本图书馆 CIP 数据核字(2017)第 103875 号

责任编辑:李 玚   责任校对:汪欣怡   整体设计:马 佳

出版发行:**武汉大学出版社** (430072 武昌 珞珈山)
(电子邮件:cbs22@ whu. edu. cn 网址:www. wdp. com. cn)
印刷:湖北鄂东印务有限公司
开本:787×1092 1/16 印张:7.5 字数:143 千字 插页:1
版次:2017 年 7 月第 1 版 2018 年 7 月第 2 次印刷
ISBN 978-7-307-19286-7 定价:19.00 元

前　言

　　《论语·卫灵公》中有云："工欲善其事，必先利其器。"这句话为人们所熟知，其道理也很简单：要想把事情做好，工具必须好使，如此才能事半功倍。计算机辅助翻译的出现、发展和流行，与"工欲善其事，必先利其器"的思想是一脉相承的，其主要目标就是借助信息技术来优化人工翻译过程，以提供更好、更快的翻译服务。

　　无论是翻译专业（或语言专业）的学生，还是翻译工作者，提供高效、优质的翻译服务是这一行业的共同愿望，当然也深知"工欲善其事，必先利其器"的道理。然而计算机辅助翻译仍然是一个陌生且令人望而却步的领域，如云雾中山上的亭台楼阁，看得似乎清楚，却难以达到。这有多方面的原因。一方面，这一领域的学习内容、学习方法与语言学习的课程大相径庭。语言学习课程包含各种语言技能训练课程、文化知识课程、语言文学理论课程等，强调记忆、联想、宏观理论推导和思辨。然而计算机辅助翻译是信息技术和工具的运用，侧重翻译过程中问题的解决。这些问题，如标点符号的准确使用、格式的标准化、术语翻译的一致性、翻译记忆库的制作等，大多具体、琐碎、相互关联。因此，语言课程中的各种学习方法难以有效迁移到计算机辅助翻译的学习之中。另一方面，对于大多数语言专业的学生而言，计算机的运作如同黑匣子一般，计算机辅助翻译涉及各种信息技术专业知识，如文字编码、文件格式与转换、数据库操作、软件界面交互，甚至算法等，计算机操作中严谨的逻辑推理、烦琐的操作步骤以及复杂的参数设置都令人无所适从。

　　因此，在学习计算机辅助翻译之前，有必要从自身知识储备和能力发展的高度审视这一学科，结合已有的知识、经验，了解这一课程与其他课程、学科之间的关联关系和相异之处，了解学习课程的原则、方法、目标，如此才能达到事半功倍的效果。从心理学上讲，这些准备工作属于"元认知"领域，在信息认知超载的情况下，对学习新知识、新学科的方法进行反思、检讨，是调整、改善学习方法的基础和前提。

　　计算机辅助翻译的学习方法，存在"技能侧重论"与"知识侧重论"的分野（Bowker，2015）。"技能侧重论"认为熟悉市场上各种计算机辅助翻译软件很重要，强调各种软件的操作和处理。"知识侧重论"则强调理解和掌握各种软件中所包含的一般性技术知识，以及在此基础上所获得的对各种软件工具的独立评价和独立学习的能力。Bowker更倾向于"知识侧重论"，他认为：

> *"The specific workings of different programs will obviously vary — the user interfaces will be different, the programs may run on different operating systems or use different file formats. Nevertheless, these competing products are largely based on the same understanding principles…Once students are familiar with these fundamental concepts, translator trainers can follow up on the information provided here with tutorials or practical sessions that will allow their trainees to get hands-on experience using the specific products that are available at their own institutions."* (Bowker, 2002: 7-8)

软件的版本在不断更新，软件界面也在不断调整，不同软件的交互界面也有所不同。因此，如果采取"技能侧重论"，一味强调操作步骤、操作技巧的学习和操练，亦步亦趋，不了解每一个操作所完成的功能和目的，缺乏对基本原理的理解，则可能导致对软件更新换代的不适应。因此，计算机辅助翻译的学习不能局限于某一个计算机辅助翻译软件的操作，而应理解该软件设计的脉络和原理(俞敬松、王华树，2010)，对软件设计背后的基本概念和基本原则的理解，是计算机辅助翻译学习的基本要求。

计算机辅助翻译的学习还有更高层次的要求，即在理解软件设计的概念和原理基础上，发展对信息工具的批判式评价能力。良好的信息工具评价能力有助于将所学知识成功运用于翻译实践，在翻译过程中选择合适的信息化工具，解决翻译中存在的各种问题，提升翻译效率。学习者应在学习过程中通过自主学习，结合翻译工作实践，了解不同工具在实践中的作用和效率，多方尝试、验证，并对各种工具的有效功能和负面功能进行积极总结和反思，逐步发展应用信息工具解决翻译具体问题的能力(Bowker，2015；俞敬松、王华树，2010)。本书还配有对应的教学视频和实验材料，读者可以通过扫描第一章的二维码自行下载学习。

由此，计算机辅助翻译的学习存在三个不同的层次：(1)软件使用技巧的学习；(2)软件设计基本概念和基本原理的学习；(3)软件功能的评判性学习。不同层次的学习，其学习方法不尽相同，对软件运用的能力也不尽相同。

本书在规划编写过程中，考虑了这三种层次的要求，并设计了三种不同的使用方式：

(1)如果设定第一层次为学习目标，强调"技能侧重论"，建议首先阅读并理解第一章，了解计算机辅助翻译的总体框架，然后在通读余下各章内容的基础上，以视频学习为主，文字阅读为辅。通过观看视频，学习使用各种软件完成翻译任务的技巧。

（2）如果设定第二层次为学习目标，强调知识性学习，建议在学习各章时采取"阅读—理解—视频学习—理解—反思"的步骤。学习过程中要勤于思考，运用已学知识分析和理解软件设计的原理，以阅读、思考为主，视频学习为辅，尤其注意借助各种流程图理解软件的功能和设计原理。

（3）如果设定第三层次为学习目标，则应在第二层次的基础上，将所学应用于实际翻译任务之中，并通过实践检验辅助翻译软件的使用效果，结合翻译实践，创造性地使用软件完成各种翻译任务，并在这一过程中及时反思、总结。

总体看来，计算机辅助翻译的学习曲线是比较陡峭的，如果不注意采取有效的学习方法，往往在课程结束之后仍然觉得茫然。因此，在开始学习之前，必须大致了解这一课程的目的，尝试新的学习方法，勤于实践，勤于思考，敢于探索，才能有所收获。

目　　录

第一章 翻译与信息科学

传统翻译流程不适应语言服务产业的发展。信息技术与翻译的结合引入了新的翻译研究主题，改变了翻译过程，提高了翻译质量和效率，是未来发展的必然趋势。

第一节 传统翻译过程及其局限性

计算机辅助翻译的思想在 20 世纪 60 年代已经萌芽，然而其在全球范围内大规模的商业化应用则始于 21 世纪初（Chan，2015b）。在国内，北京大学在 2006 年开设了计算机辅助翻译专业课程（俞敬松、王华树，2010），计算机辅助翻译仍然是一种发展中的新生事物。辩证法告诉我们，新生事物的出现，在于否定旧事物中消极、过时的东西，吸收继承旧事物中积极、仍然适应历史条件的东西，同时增添新的东西，从而在形态上比旧事物高级，在结构上更趋于合理，在功能上更加强大。要深入了解计算机辅助翻译这一新生事物的特征和作用，我们需首先将传统的翻译过程置于当前信息化时代的大背景下，并从语言服务这一角度分析和讨论传统翻译存在的问题和不足，理解信息科学相关研究成果、技术以及工具等在解决这些问题中可能发挥的作用。

翻译作为人类的活动具有悠久的历史。本质上，只要存在不同语言之间的交流就存在翻译活动。中国作为一个多民族国家，翻译活动历史悠久。马祖毅（2004）在梳理我国"五四"以前的翻译历史时提到，我国的佛教翻译，从东汉桓帝末年开始，到唐代已至极盛。在近两百年里，西学东渐，都离不开积极的翻译活动。一大批翻译实践和理论大家，如严复、梁启超、鲁迅、胡适、林语堂、朱光潜、郁达夫等，在进行大量翻译实践的同时，也构建了完整的翻译理论体系。

翻译过程也是翻译理论研究所关注的一个重要方面。许钧（2003）对近年翻译过程的相关研究进行了梳理，并介绍了奈达区分的狭义翻译程序和广义翻译程序。狭义翻译程序又可区分为翻译的一般程序和翻译的特别程序。前者包括研究有关背景、确定初译所需的时间与条件、对原文进行分析、传译和重组、确定翻译单位、采取种种手段形成译文、多次改稿、排列不同书卷的翻译或修订顺序、提供补充材料等步骤；而后者则包括审校、校勘、修订等步骤。而广义的翻译程序则包含 10 个步骤：(1)确定合适的翻译程序；(2)译前准备；(3)翻译小组的结构；(4)审稿结构；(5)辅助人员；(6)翻译程序，即各种翻译队伍中所采取的一般程序和特殊程序；(7)对译文进行检验；(8)校对清样；(9)行政管理工作的程序；(10)译本出版以后的工作。

　　翻译研究人员主要关注狭义的翻译程序，也就是译者在转换一个文本的语言时所经历的一系列具体而细微的程序或步骤。关注狭义翻译过程有利于译者改善翻译行为，提高翻译质量。然而，随着全球化进程的不断加快、互联网的兴起和扩张、信息爆炸时代的来临，翻译活动作为不同语言和文化交际的桥梁，面临巨大压力。在产业化的翻译活动中，一个翻译项目动辄几十万上百万字，且涉及多语种、多领域，甚至多学科。传统手工作坊式的翻译模式在生产效率方面已经难以适应当前对翻译的要求，有必要从广义角度重新审视翻译过程，分析其中的问题，并借助信息技术改善翻译过程，提升翻译效率，提高翻译质量。

　　在当前翻译活动向规模化、产业化转变的过程中，一个翻译产品往往由多位翻译人员完成。一篇译稿被切割成多份，交由多人分别翻译，然后将翻译结果合并，审校后交出。这时翻译过程已经转变为广义的翻译过程。试设想一个翻译团队同时翻译如下一段文字：

　　　　Multiword expressions are expressions consisting of two or more words that correspond to some conventional way of saying things（Manning & Schutze 1999）. ... Efficiently recognizing multiword expressions and deciding the degree of their idiomaticity would be useful to all applications that require some degree of semantic processing, such as question-answering, summarization, parsing, language modelling and language generation. ... Moreover, we inspect the extent to which multiword expressions can contribute to a basic NLP task such as shallow parsing and ways that the basic property of multiword expressions, idiomaticity, can be employed to define a novel task for Compositional Distributional Semantics（CDS）...（节选自Korkontzelos，2010）

然后我们从微观和宏观上分析，可以发现如果在传统翻译流程中开展多人合作翻译会出现诸多问题。这些问题有的可以通过传统方法解决，有的则必须借助于信息化手段才能更好地解决。下面我们对这些问题进行具体分析。

一、微观层面的局限性

从微观层面，即翻译人员的个体翻译行为以及翻译结果进行分析，可以发现传统翻译过程中存在一些非常明显的局限性，如重复劳动、人力资源的浪费、术语不一致、翻译风格不一致、忽略格式排版等问题，这些问题都与翻译的质量和效率相关。

传统翻译过程中存在重复劳动与人力资源的浪费，这是造成翻译效率不高的一个重要原因。在科技文献翻译中，这一问题更为明显。科技文献中相同或相近的句子的比例比较高。在软件开发、机械制造等领域，当设备更新，或者软件版本更新时，软件或者设备的使用手册也需要更新。然而新的版本与原有版本相比较，往往存在很多重复内容。另据有关报道①，专利文献文本的重复率可达 65%，科技报告的重复率甚者可达 80%，会议上发表的论文，大约有 40% 会在期刊上报道。如果原有翻译成果没有在这些文献的翻译过程中得到有效使用，必将造成大量的人力和资源浪费。

翻译风格不一致、术语不一致是导致译文质量不高的一个主要原因。大规模的翻译项目需要多人同时参与翻译过程（靳光洒，2010）。然而，专业文献的翻译不可避免地会涉及大量专业术语，如果不能保证同一领域内（甚至同一文本中）术语的一致性，则势必造成读者在阅读译文时的困惑，严重影响理解，降低译文的准确性和可信度。据称，全球化项目的总成本中有 15% 源于返工，而造成返工的主要原因是术语的不一致（钱多秀，2011：24）。翻译过程中术语不一致的原因是多方面的，有的是不同地域的方言造成的。例如，"software" 在中国大陆被普遍翻译为"软件"，但是在中国台湾等地则被译为"软体"（陈谊、范姣莲，2008）。此外，翻译人员不熟悉专业领域相关知识，也是协同翻译过程中出现翻译结果的不一致的原因之一（叶娜、张桂平、韩亚冬、蔡东风，2012）。

传统翻译过程中极少注意到文本格式问题，而将注意力集中于译文的质量。译员一般采用文本编辑器或者办公软件（如 Microsoft Word）进行翻译，在翻译完成后直接将文件提交，而并不考虑用户需要的文件格式类型。然而，在计算机应用高度普及的环境中，译文往往需要以不同形式的电子文本格式呈现，不同电子文本中对格式的要求也并不一样。因此，忽视格式处理问题往往意味着翻译任务并没有真正完成。

文本格式问题在处理图文并茂的文档时更为明显。在这种情况下，文字与图片之间存在关联关系，不恰当的处理方式可能导致译文阅读方面的困难。传统翻译方式在

---

① lib. gdou. edu. cn/xxjs/download/duomeiti/.../信息检索概述 . ppt

处理图文并茂的文件格式(如 Power Point)时,通常采用如下模式:打开原文文件,在文件中删除原文,然后再放入译文。在翻译过程中,译员往往在编辑与排版上浪费大量的时间(王华树,2014)。如何高效率处理多媒体文本,是传统翻译过程面临的问题。

二、宏观层面的局限性

在宏观方面,传统译学框架对应用研究分支不够重视,甚至完全排除科技翻译和社科翻译(王华树、冷冰冰、崔启亮,2013)。而在全球化和信息化时代,植根于传统译学框架下的翻译活动所提供的服务已不能满足社会发展的需要。翻译这一行业本身需要实现转型,即从简单地提供"翻译"服务向提供全方位的"语言服务"方向转变。

对于企业而言,全球化和信息化意味着新的商业模式和管理模式,企业业务类型也日趋向复杂化。诸如国际贸易、国际工程、国际会展、国际化开发和本地化等大型项目,涉及多个国家、多个部门、多个语种、多种类型,项目操作错综复杂。例如,在 Windows 7 本地化项目中,SKU(Stock Keeping Unit)需支持 35 种语言,系统界面需支持 60 种语言,需要本地化的资源达到 100 种,Windows 8 则需要支持 109 种语言。如此庞大的项目牵涉全球范围内上百个部门之间的协调沟通,数千团队成员的密切协作。一个大型的翻译项目,需要在接受任务、管理翻译过程、控制翻译进度等多方面开展科学管理,协调多方面关系和利益。而传统翻译过程中存在诸多任意性,如报价的不精确、不能准确预估翻译完成时长、不能确定整个工作的完成时间等。这要求必须由原来的单兵作战转变为团队协作,借助现代化项目管理系统实现资源的最优配置,顺利完成相关任务(王华树等,2013)。传统译学框架中对协同翻译流程、翻译质量控制等方面的研究鲜有涉及,不能提供有效的指导。

在信息化背景下,翻译对象、翻译流程以及质量控制等诸多方面都在发生变化。传统翻译往往以纸质文本为对象,而信息化已经引起翻译领域和业务类型的变化,翻译对象也呈现多元化趋势。例如,在本地化翻译中,除了文档翻译之外,还有软件本地化翻译、网站本地化翻译、多媒体本地化翻译、影视翻译、课件本地化、游戏本地化等(王华树等,2013)。翻译流程也发生了变化,不再是从源语理解到目标语生成的两元模式,也不是"翻译—审阅—校对"的流程,而是包含"源文档创作、存储、翻译、编辑、校对、更新、审核、发布"等多个阶段的整体化服务流程。

在翻译质量控制方面,传统翻译侧重于从理论上探讨翻译质量,如严复的"信、达、雅"。然而在大规模商业化翻译中,不仅需要从理论上探讨翻译质量,还需要提供翻译质量的量化考核,通过制订量化标准来规范翻译服务标准。由此出现了欧洲统一翻译服务标准"EN15038：2006"，美国 ASTM F2575-06 翻译质量保证标准指南、加拿大"CAN/CGSB-131，10-2008"国家服务标准，中国的《翻译服务规范 第 1 部分：笔译》《翻译服务译文质量要求》《翻译服务规范 第 2 部分：口译》《本地化业务基本术语》《本地化供应商选择规范》等翻译服务标准。此外还有 LISA（Localization Industry Standards Association）和 OASIS（Organization for the Advancement of Structured Information Standards）制订的翻译质量量化标准等。

此外，传统翻译在质量控制方面要求比较单一，认为质量控制的主要目的是获取高品质译文。然而信息化过程对翻译质量提出了多元化的衡量标准。Hutchins（2005）认为，人们在讨论机器翻译时，往往抱怨翻译质量差。然而不同的应用环境对于翻译质量的需求是不同的。对翻译质量的需求可以大致区分为四种类型（或四个层次）：

（1）宣传型（Dissemination）：翻译质量应满足"可发表"质量要求。这一类型中译文文本不一定会发表，但译文应具有较高质量，符合可发表的要求，经得起读者的苛刻检查。

（2）理解型（Assimilation）：译文具有可理解性，可以服务于信息过滤、浏览，可供读者参考使用。

（3）交互型（Interchange）：译文能够满足信件、电邮、电话、短信等交际过程的需要，翻译质量只需保证交互双方可以快速获取信息，顺利达成交际目的。

（4）数据获取型（Data Access）：译文能够帮助用户从某一外文数据库中获取相关信息，而不需要对译文有很好的理解，如从互联网中获取信息等。

可以看出，类型（1）对译文质量的要求最高，而类型（4）对译文质量的要求较低。不同的译文质量要求对应不同的译文应用环境。译文应用的交际渠道不仅包括纸质媒介，或者口头会话，还包括了多种电子终端（如手机、及时通信系统、微博、IP 电话等），其格式包括文字、图片、音频、视频、网络等。宣传型的译文质量应用于纸质媒介，或者相对正式的外交场合，理解型、交互型、数据获取型则在电子终端有了更多的应用。

在全球化和信息技术的飞速发展中，传统翻译服务逐渐演化为一种新的服务类型——语言服务。语言服务是一个包含翻译和本地化服务、语言技术工具开发、语言教学与培训、语言相关咨询业务为内容的新兴行业。从定义上看，语言服务的范围已经远远超出传统意义上的翻译行业，成为全球化产业链的一个重要组成部分（郭晓勇，2010）。因此，需要从传统翻译概念中脱身出来，在一个更大的环境中重新审视翻译行为，这不仅有助于理解翻译行为的本质，更有利于最大程度地发挥翻译在社会发展、社会经济活动中的作用。

语言服务是行为主体以语言文字为内容或手段为他人或社会提供帮助的行为和活动(赵世举,2012)。其中的行为主体不能简单理解为翻译人员,而是包含多种具备不同专业背景知识和素养的人群,如管理人员、工程师、出版设计、教师、翻译人员等。这些人员协同工作,共同创造服务。语言服务的类型包括翻译(书面翻译、口译、网站翻译、电话口译等)、语言培训(语言知识、技能、应考培训)、语言资源管理、翻译技术、课件本地化、游戏本地化等。从服务目标来进行划分,可以区分为语言知识服务、语言技术服务、语言工具服务、语言使用服务、语言康复服务、语言教育服务等。

语言服务的兴起,是市场驱动的结果,是全球化和信息技术发展对传统翻译行业带来的变革,而不是翻译研究本身带来的变化(Balkan,2004:12)。这种驱动力的一个重要来源是本地化业务的发展。早在1998年,微软在本地化产品的规模达到了50亿美元。另有报告称在美国,部分软件公司的非英语软件产品的营业额占其总额的50%以上。本地化业务不仅增加了企业产品的销售量,而且延长了产品的生命周期,一个在本国市场已经逐渐衰落的产品在经过本地化之后仍然能够在其他国家找到销路。因此,许多软硬件公司、电子商务网站、汽车制造商、电子产品制造商等都非常重视本地化。许多公司在发布新产品时,往往希望以多种语言同时发布。本地化业务需求的增加,直接推动了语言服务产业的发展。

跟踪、了解翻译服务向语言服务转变这一宏观变化趋势,调整职业价值取向,缓和传统翻译价值取向和产业化之间的矛盾,对于相关学术研究而言具有积极意义。Balkan(2004)认为,翻译专业的学生不仅需要了解当前已经存在的各种计算机辅助翻译工具,更需要了解在翻译生产中引入计算机辅助翻译工具会带来的工作效率、经济效率、工作流程以及工作环境等方面的变化,以避免所学知识与实际工作的要求相距甚远,脱离社会的实际要求。

第二节 信息技术与翻译

信息技术所引发的变革影响到翻译的各个方面。Chan(2015a)将信息技术与翻译的结合总结为过程模拟(Simulativity)、能力模仿(Emulativity)、合作支持(Collaborativity)、效率提升(Productivity)、系统控制(Controllability)、系统定制(Customizability)以及格式兼容(Compatibility)等。我们也可以从翻译主体、翻译过程以及翻译效率三个方面讨论信息技术与翻译的结合。

一、信息技术与翻译主体

信息技术与翻译结合所带来的首要变化是翻译主体的变化。基于人工智能技术的机器翻译，通过能力模仿，成为新的翻译主体，与传统翻译过程中的主体——译员一起完成翻译任务。两个主体在翻译过程中所承担的角色、地位不同，形成了不同的结合模式，由此衍生出多个与计算机辅助翻译相关的概念。其中主要包括机器翻译、机器辅助人工翻译和人工辅助机器翻译。这些概念既互相交叉，也相互区别。

机器翻译（Machine Translation）一般指不需要人工干预的自动翻译系统（Sager，1994：326）。欧洲机器翻译协会将其定义为"应用计算机以完成将一门语言翻译成另外一门语言的任务"①。国际机器翻译协会（International Association of Machine Translation）将这一概念定义为能够以完整句子为输入并生成相应完整句子的系统。从这些定义可以看出，机器翻译的主要特征就是强调翻译的主体是计算机，而并没有译员参与翻译过程（Quah，2006）。

机器辅助人工翻译（Machine-Aided/Assisted Human Translation）一般指翻译人员应用计算机软件完成部分翻译任务的过程（Sager，1994：326）。其中使用的计算机软件可以理解为任意类型的有益于翻译活动的信息技术（Bowker，2002：6）。Quah（2006：13）给出了如图1-1所示的机器辅助翻译模型，并指出这一概念的核心是译员作为翻译过程的主体，在翻译过程中起主导作用。在机器辅助人工翻译中，译员运用各种类型的工具（包括拼写检查、电子术语列表、电子词典、术语库以及翻译记忆库等）完成翻译任务。

人工辅助机器翻译（Human-Aided/Assisted Machine Translation）是指计算机负责生成翻译文本，但在翻译各阶段都存在人工的介入和监督的翻译过程（Slocum，1988：5）。在这一类型中，计算机是完成翻译任务的主体，人工一般在文本准备阶段（即前处理过程）或者输出阶段（后处理过程）介入。前处理过程包括发现并处理奇特的短语结构、习惯用法或者印刷错误等，因为这些错误会导致机器翻译系统出现错误。后处理过程则包括依据某一些既定的语言风格标准、用词标准等更正机器翻译文本中出现的翻译错误。

从三个概念的分析可以看出，两个主体在翻译过程中所承担的角色、地位不同，

---

① http：//www.eamt.org/mt.html

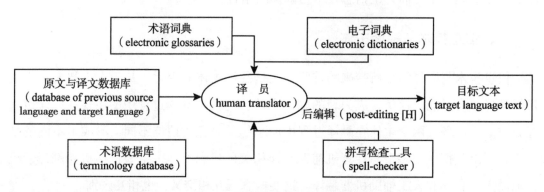

图 1-1　机器辅助人工翻译模型

形成了不同的结合模式。Hutchins & Somers（1992：148）总结和分析了上述概念（见图 1-2）。从该图中可以看出，人与机器作为翻译主体分别位于两个端点，分别表示人工翻译和机器翻译，如果在翻译过程中，强调人作为翻译的主体地位，则可表述为机器辅助的人工翻译。相反，如果强调机器的主体地位，则可表述为人工辅助机器翻译。而无论是以人作为翻译主体还是以机器作为翻译主体，如果机器参与了翻译过程，都可以称之为机器辅助翻译过程。

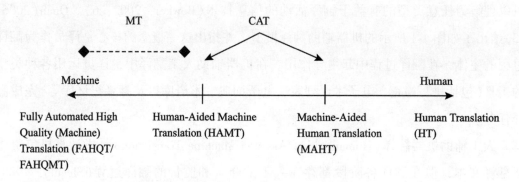

图 1-2　信息技术与翻译结合的类型分类

Quah（2006）还从创造力角度对上述概念进行了分析。一般而言，技术文档对语言的创造性要求相对较低，诗歌创造性较高。不同类型的信息化翻译模式在处理创造力方面的能力不同。如表 1-1 所示，人工翻译更适用于创造力高的文本，而技术文本则可以更多地依赖于机器。

表 1-1   计算机辅助翻译与文本类型

	机 器 翻 译		人工辅助 机器翻译	计算机 辅助翻译	人工翻译
	特定领域	一般领域			
高度创造性文本	NS	NS	NS	NS	S
创造性文本	NS	NS	NS	NS	S
一般文本	NS	S	P	S	S
技术文本	S	P	S	S	S
高度技术性文本	S	NS	S	S	S

（引自 Quah(2006：182)，N 表示不合适，S 表示合适，P 表示可能。）

本书所讨论的计算机辅助翻译是指机器辅助人工翻译。在这一翻译过程中，译员是翻译的主体。在翻译活动中引入信息技术，一方面将翻译活动较好地嵌入到语言服务的环节之中，与语言服务的其他各项运作紧密结合起来，另一方面也利用信息技术有效解决传统人工翻译中存在的各种问题，提高翻译服务的质量和效率。

二、信息技术与翻译过程

以翻译过程模型为基础，分析翻译过程中译员的相关能力，结合翻译技术现有发展阶段，可以达到模拟整个翻译过程的目的。在翻译理论研究中，不同学者提出了不同的翻译过程模型，有的模型只包含两个阶段，有的则包含八个阶段(Chan，2015a)。我们采用 Quah(2006：43)给出的翻译过程模型来讨论信息技术对译员能力的模拟。如图 1-3 所示，该翻译过程模型包含了在不同阶段所获得的 4 个不同的文本处理对象，即源语言文本、预编辑文本、目标语言文本和后处理文本，以及获取这些对象所实施的操作过程。其中主要的操作过程包括三个环节：预处理过程(pre-editing)，翻译过程(TrTo)和后编辑过程(post-editing)。

图 1-3   包含预编辑和后编辑的翻译过程模型

表 1-2 以 Quah 的翻译过程模型为基础，分析了不同阶段译员所担任的角色和需要完成的任务，并给出了采用信息技术模拟译员能力所需要的信息化处理工具。在翻译

过程的不同环节，任务不尽相同，信息技术所模仿的功能也不一样，所要求的工具也有所不同，工具的智能化程度也不尽相同。然而应用信息技术模拟译员能力的总体目标保持不变，即辅助人工翻译，提高翻译效率，减少翻译成本，提高译文质量。

表 1-2　　　　　　　　　　　　　翻译过程、信息化任务及相关工具

阶　段	使用者	项目与任务	信息化工具①
翻译预处理	团队/个人	文本电子化处理	字处理工具，数据获取工具，本地化工具
		预翻译	机器翻译工具
		术语处理	术语抽取工具
		文本分析	语料库分析，信息抽取
	团队	任务分配与管理	翻译项目管理工具
翻译过程	团队/个人	术语管理	术语数据库管理工具
	个人	基于记忆再翻译	翻译记忆库管理工具
		拼写检查	拼写检查工具
		语法检查	语法检查工具
		资料查询	搜索引擎
	团队	质量监控	翻译质量检测工具
		进度管理	翻译项目管理工具
翻译后处理	团队/个人	排版	字处理工具，桌面排版系统
		本地化	本地化工具
		术语管理	术语库管理工具
		语料管理	语料库管理工具

翻译预处理阶段的任务主要有三个方面。第一是确定和获取需要翻译的文本。在信息化时代，需要翻译的文本存在于多种媒体类型之中，储存格式不尽相同。如何在文件中确定和抽取需要翻译的文本，其本身是一个极具挑战性的任务，如果不借助于相关工具难以完成。第二是准备翻译过程中所需的各种知识库。知识库是协同翻译中保证术语的一致性、翻译风格的一致性的必要条件。在翻译过程中借助于各种知识库进行在线检索，是保证术语一致性和风格一致性的必要环节。这些在线知识库需要在翻译活动开始之前准备好。因此，在预处理阶段，需要抽取术语，构建术语数据库，还需要进行文本分析，以确定翻译过程中的语言风格、词汇范围。第三，利用已有翻

----

① 表格参考 Bowker(2002：7)，有修改。

译记忆库及相关资源,对文本进行预翻译,可以大幅提高工作效率。同时,翻译预处理对于保证翻译质量也具有重要意义。

在翻译过程中运用信息技术模拟译员能力是计算机辅助翻译最重要的一个环节,其中所包含的操作类型比较复杂,所涉及的信息化工具也比较多,对信息技术的智能化要求较高。这些工具模拟了译员的多种能力,如术语管理工具、翻译记忆库管理工具、知识搜索工具不仅模拟了译员进行模糊搜索的能力,也模拟了译员交互、协同翻译的能力。拼写检查、语法检查、翻译质量检查等相关工具则是对译员语言能力的模拟。

翻译后处理过程也是翻译过程的重要方面,由两个重要的操作环节组成:版面设计调整与语言资源的收集整理。高质量翻译结果在发布之前,需要与相关图形媒体整合,以获得最佳信息传递效果。对于电子媒体,如网页、软件运行界面等,还需要依据人机交互的需要进行整理、审核,以保证各项功能的准确性。语言资源的收集整理是后处理的另一个重要操作。该步骤是对翻译过程中所产生的相关知识库,包括术语知识库、翻译记忆库、译文等进行整理、保存,以便于在未来翻译工作中得以重复应用。这些工作都可以利用各种信息工具完成。

三、信息技术与翻译效率提升

信息技术的介入在诸多方面改变了翻译过程,促使翻译过程发生质的变化,从而使得翻译效率和翻译质量得到质的提升。

翻译过程本质变化的一种表现是协同翻译的发展。单个译员完成一个翻译项目已经不太现实,采用翻译项目形式,多人协作完成翻译任务是当前采取的主要模式(Chan,2015a)。术语管理工具、翻译记忆库管理工具、翻译项目管理平台等不仅为协同翻译中术语、文体风格的一致性提供保障,也为译员提供个性化服务,包括各种辅助工具、辅助译文、质检方案等,从而发挥不同译员的优势,使多用户协同工作的效率达到最高(叶娜等,2012)。

此外,信息技术的介入,将译员从重复、枯燥的劳动中解放出来,将精力集中到创造性翻译之中,从而大幅提高翻译效率。借助于术语库、翻译记忆库等数据库检索技术,原文中重复或者相近的句子不再需要重复翻译,而只需要进行选择、审核和小幅修改。现有翻译任务中,有将近90%的翻译任务来自于实用翻译领域,在这一领域中,句子的重复率往往比较高,翻译成果的重复利用可以大幅度提高翻译效率(Chan,2015a)。利用翻译记忆库,可以使本地化的平均生产力提高30%,并减少15%~30%的翻译成本(陈谊、范姣莲,2008)。另一方面,摆脱重复劳动的译员可以更好地发展职业能力，完成机器所不能完成的翻译工作，这从另一角度促进了翻译质量的提升。

第三节　历史与未来

一、计算机辅助翻译的历史

计算机辅助翻译的思想起源于人们对语言认识的不断深化。在 17 世纪，一位德国的修道士 Johannes Becher 写了一本小册子(如图 1-4)：

图 1-4　Johannes Becher 的小册子

在这本小册子里，他提出了一整套数学元语言框架，用以描述任何语言中句子的意义。由此计算机辅助翻译的思想得以萌芽。如果任何语言中句子的意义可以使用数学语言加以描述，那么就可以将任何语言的句子转换为数学语言，然后再由数学语言转换为另外一种语言，如此就完成了翻译过程(Freigang，2001)。此后许多哲学家如莱布尼茨、笛卡儿以及 John Wilkins 都对这一话题进行了讨论。第二次世界大战后，电子计算机被用于密码破解且获得成功，这一事实使得科学家们(例如 Warren Weaver)相信，翻译活动和计算机之间的关联关系是存在的(Somers，2003：4)。到 20 世纪 50 年代，美国、苏联、英国、加拿大以及中国都开展了积极的计算机辅助翻译研究工作。

1964 年，机器翻译研究遭遇了阻力。当年，美国政府决定进一步调查应用计算机进行翻译的可能性，便组织了"自动语言处理顾问委员会(Automated Language

Processing Advisory Committee)",并开展了一系列调查。该委员会在报告中认为,机器翻译效率缓慢,翻译不准确且成本是人工翻译的两倍。更为重要的是,报告认为机器翻译在可见未来并没有强烈的市场需求,前景并不明朗。据此,该委员会提出了两种可行的方案:(1)将研究重心转向更为具有挑战性的相关领域,如智能支持代理;(2)研究和发展能够大幅度削减翻译成本,提高翻译效率,具有较强操作性的方式。在讨论中,ALPAC 最终确定(2)为最佳选择(Hutchins,1996)。与此同时,该委员会建议支持计算语言学和计算机辅助翻译两个方面的研究。在这一报告后,美国及其他国家在机器翻译领域的研究活动大幅低落。研究的注意力转向计算机辅助翻译。

Chan(2015a)将 1967—2013 年计算机辅助发展的历史分为四个阶段:1967—1983 年为萌芽阶段;1984—1992 年为稳定增长阶段;1993—2003 年为快速增长阶段;2004—2013 年为全球化发展阶段。

在萌芽阶段,一些人工智能的开拓者,如 Warren Weaver, Alan Melby, Martin Kay 等相继提出了计算机辅助翻译的思想。从 1984 年开始,出现了一些专注于计算机辅助翻译系统的公司,如德国的 Trados,瑞士的 Star Group 等,随后这些公司开始进入商业化运作。这一阶段所出现的计算机辅助翻译工具包括 Trados 开发的 TED 翻译者工作平台,术语管理系统 MultiTerm,以及 STAR AG 开发的计算机辅助翻译系统 Transit,IBM 推出的 IMB 翻译管理系统(IBM Translation Manager / 2)等。

在快速发展阶段,涌现了更多的商业化计算机辅助翻译软件,如 Déjà Vu, Wordfisher, SDLX, Wordfast, Yaxin CAT, Huajian 等,与此同时,更多的计算机辅助翻译功能,如翻译记忆库、术语管理、翻译编辑器、文本对齐工具、机器翻译以及翻译项目管理等被嵌入计算机辅助翻译系统中,使得系统工具的功能更加完善。

到了 21 世纪,计算机辅助翻译进入了全球化阶段,更多的计算机辅助翻译工具不断涌现,同时,系统开发还出现了如下的发展趋势:(1)与微软 Windows 以及微软 Office 之间的兼容性得到进一步加强;(2)翻译工作流被整合到计算机辅助翻译系统之中;(3)更多的计算机辅助翻译系统支持基于服务器、互联网甚至云计算的应用;(4)各种文件交换标准(如切分规则交换标准(Segmentation Rules Exchange),翻译记忆库交换标准(Translation Memory Exchange),术语库交换标准(Term Base Exchange))以及 XML 本地化交换文件格式(XML Localization Interchange File Format)等行业标准的制订。

可以看出,在过去的半个世纪里,计算机辅助翻译从起步到进入发展的快车道,计算机辅助翻译系统逐步发展成熟,已经全面地进入翻译行业,进入语言服务行业。

二、计算机辅助翻译的未来

在计算机辅助翻译的历史发展进程中，最重要的影响因素是人工智能。过程模拟、能力模拟、合作支持等都受益于人工智能的发展。未来计算机辅助翻译的发展也必然受制于人工智能相关领域的研究进展。人工智能技术发展越成熟，机器作为翻译主体在翻译过程中承担的工作份额也就越多，其所替代人力部分的工作也就越多，人工参与翻译过程的时间也就越少。如果人工智能发展到一定阶段，人工智慧可以与人的智慧相媲美，那么计算机辅助翻译会逐渐被计算机自动翻译所替代。因此，考察计算机辅助翻译的未来，需要回答的首要问题是：人工智能有可能达到人的智能的高度吗？

关于人工智能的理论和抽象性讨论在 20 世纪 50 年代之前就已经有所讨论。在 1956 年的 Dartmouth 会议上，科学家们提出，如果人类学习能力的各个方面及智力所表现的各种特征可以得到精确的描述并能够模拟出来，那么机器就具备了部分智力。因此人工智能研究的主要内容就是模拟人的智能行为，包括使用语言的行为和不同语言之间的翻译行为。

从经验上看，人工智能与人的智能之间还存在较大的差距。以机器翻译为例，Bowker(Bowker，2002：3)给出如下的例子：

例 1-1　The spirit is strong, but the flesh is weak(心有余而力不足)

The Vodka is good, but the steak is lousy(酒还不错，可是牛排不怎么样)

很明显，机器翻译的译文与原文意义相距甚远，原文中的修辞用法(此处是借代)远远超过了当前机器能够模拟的能力范围。那么，在未来，类似于这样的问题，人工智能能够回答吗？

对上述问题的一种肯定回答是图灵测试(Turing Test)。Alan Turing 被称为计算机科学之父，他在 1950 年的论文《计算机器与智能》(*Computing Machinary and Intelligence*)中提出用图灵测试作为机器智能测试的一种基本方法。如图 1-5 所示，测试中包含三个对象，其中 B 和 C 是人，A 是机器。三个对象分别处于三个不同房间，C 是提问者，A 和 B 要回答 C 提出的问题。在实验中，C 提问的方式、A 和 B 回答问题的方式都是通过书面形式进行。如果 C 不能判断哪一个回答来自机器(即 A)，哪一个回答来自人(即 B)，那么机器即被认为是具有人工智能的。在图灵测试提出之后，研究者们已经发明了一些人机对话系统，有的人机对话系统能够接近于人的谈话。

然而也有学者认为机器智能是永远不可能达到人的智能水平的。如 Searle 提出"中国屋理论(Chinese Room)"。中国屋理论假设存在一种程序，它通过了图灵测试，表现出一般性的人的智能行为，并进一步假设这一程序可以使用中文进行流利对话。在上

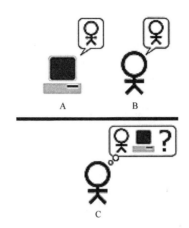

图 1-5　图灵测试图示(引自 Saygin，2000)

述假设基础上进行如下实验：即假设一个人单独处在一个房间内，他不会中文，但被告知如何依据问题对卡片进行排序以给出正确的中文回答。从表象看来，这个屋子里有一个能够使用中文的智能人。然而，我们会问这样一个问题：这个人他理解中文吗？更准确的问题是，这个人是否与一个真正理解中文的人一样？懂中文的人在使用中文时会在大脑中产生一些相关状态，而这个屋里的中文智能人不会。因此，答案是否定的。由此，Searle 推断，即便一个程序能够流利使用语言，也仍然不能具备与人相同的智能。

可以看出，学者们对人工智能前景的判断仍然不能取得一致。在这种情况下，机器是否完全替代人类完成翻译任务这一问题自然也是不确定的。

第二章　文档格式处理的自动化

　　文档格式处理自动化的核心是可译字串的抽取，应用计算机辅助翻译工具可实现翻译文档格式处理的自动化。

第一节　文档格式与翻译

　　当今社会，计算机和互联网高度普及，书面语言作为信息载体，一般都不会独立存在，而是与图片、视频及其他信息载体同时出现。为使各种信息载体在版面上布局美观，便于阅读，往往需要排版，对输入的文字材料、图片、视频等进行处理，然后按照一定的格式表现出来。

　　例如，图 2-1 是使用 Microsoft Word 进行排版所获得的版面布局效果。该版面中包含文字、图片以及横线。除标题外，文字按照三栏的形式排列，其中插入了图片。要完成如图 2-1 所示的版面布局，需要完成如下步骤：(1)输入文字；(2)设置页面格式(A4，A3 等，纸张方向)；(3)分栏处理；(4)插入页眉、页脚；(5)设置标题和文本的字号、字体、颜色；(6)插入图片；(7)边框装饰、设置水印、颜色等。其他格式的文件，如 PDF 格式、HTML 格式、POWERPOINT 格式等，虽然所使用的编辑软件并不一样，但版面设置一般都需要经过复杂的步骤。

　　在大部分翻译工作中，译员关注的焦点是文字以及文字的翻译，而不是版面设置。在翻译过程中，有些文档编辑软件，如 Microsoft Word，PowerPoint 等，提供了文档编辑功能，因而可以直接删除原文，然后将译文添加到特定位置，即可保存原有格式。而另外一些格式的文档，如 PDF，XML，CHM，或者 HTML，用于编辑的软件要么为只读形式，其中的文字无法编辑，要么文档内容结构复杂，如果不具备相关知识，很容易在删除和修改操作中破坏文档原有的逻辑结构，从而使得文件不能正常打开。在翻译这些文档时，我们需要一种辅助工具，其基本功能是从不同格式的文件中将需要

一　棵　开　花　的　树
席慕容

如何让你遇见我
在我最美丽的时刻
为这
我已在佛前求了五百年
求佛让我们结一段尘缘
佛于是把我化做一棵树
长在你必经的路旁
阳光下
慎重地开满了花

朵朵都是我前世的盼望
当你走近
请你细听
那颤抖的叶
是我等待的热情

而当你终于无视地走过
在你身后落了一地的
朋友啊
那不是花瓣
是我凋零的心

图 2-1　Word 排版示例

翻译的内容抽取出来，在翻译完成之后能够替换原文，而格式保持不变。我们将这一类辅助工具称为文档格式自动化工具。理解这类辅助工具的原理、学习这类工具的使用是本章的主要内容。

第二节　文档格式自动化的原理

一、可译字串与不可译字串

文档格式自动化与信息在电脑中的存储方式相关。为此，需首先理解文件格式和排版格式这两个概念。

文档是以文件格式存在于计算机存储设备（如磁盘）中。所谓文件格式，是指电脑为了存储信息而使用的对信息的特殊编码方式，用于识别内部储存的资料。常见的文件格式类型常常通过后缀名的方式标识，如 DOC 为 Microsoft Word 文本格式，JPEG 为图片格式等。不同的文件格式被设计用于存储特殊的数据，如 JPEG 文件格式用于存储静态的图像，GIF 可以存储静态图像和简单动画，Quicktime 格式可以存储多种不同的媒体类型。此外，还有一些简单的文件格式，如 Text 文件一般仅存储简单的没有格式的 ASCII 或 Unicode 的文本，HTML 可以存储带有格式的文本，PDF 格式可以存储内容丰富的、图文并茂的文本。当使用一个软件读取某一文件时，软件需按照一定的结构形式依次读取相关信息。如果文件结构遭到迫害，文件将无法正确打开。同理，同一种文件格式，用不同的程序处理可能产生截然不同的结果。例如 Word 文件，用

Microsoft Word 查看时，文本内容具有可理解性，但如果使用其他文字处理软件（如 Notepad++），所显示的则是一堆乱码，因为这些软件不识别 Word 文件的文件格式。

文档的排版格式不同于文件格式。文档的排版格式是各种信息载体按照一定的形式排列并呈现出来的方式。在计算机中，文档的版面呈现格式是通过一套特定的用于描述版面排版要求的符号体系规定的。早先这套符号体系被称为"排版语言"（周世生、董明达，1991），当这套体系面向输出设备时，被称为页面描述语言（Page Description Language）（钟云飞、唐少炎，2005），利用这套语言，可以描述打印或照排的版面，规定版面中各种载体的位置、形状、尺寸大小、颜色等。其中最流行的排版语言是 PostScript 语言。PostScript 拥有大量的、可以任意组合使用的图形算符，可以对文字、几何图形和外部输入的图形进行描述和处理，因此从理论上说可以描述任意复杂的版面。其设计之成功使得该语言被许多厂家所采用而广泛流行，最终成为事实上的国际标准。常见的 PDF（Portable Document Format）一方面采用了 PostScript 的子集作为版面呈现的形式，以方便于有效地共享、观看和打印文档，同时还提供了一套字体嵌入/替换机制（以方便自带字库）和一个结构化的存储体系，将文本、图片等按照一定的结构储存起来。

除了 PostScript 语言之外，许多程序语言也会提供用于标识版面格式的符号体系，如 HTML。HTML 的全称是 Hyper Text Markup Language，主要用于制作用于 Web 浏览器的网页。HTML 使用标签（tags）标识和描述网页中的文字、链接、图片以及声音和视频的呈现格式。例如，采用图 2-2 所示的 HTML 代码，可以得到图 2-3 所示的网页表现形式。

在图 2-2 的 HTML 代码中，可以看到诸如 <h1>、</h1>、<p>、</p> 等成对出现的标签。这些标签即是 HTML 中用于控制显示格式的代码。如位于开始标签 <h1> 和结束标签 </h1> 之间的文字"HTML 语言版式控制演示"，会按照 <h1> 所规定的形式呈现出来（如图 2-3 所示）。改变这些标签，标签内文字的显示格式也随之发生变化。

图 2-2 中的 HTML 代码也提供了区分"可译字串"和"不可译字串"的样例。所谓可译文字，是指在文件中所包含的需要翻译成目标语言的源语言文字。图 2-2 中的可译字串包括"演示一下，你就知道"、"HTML 语言版式控制演示"、"哪儿也不去"、"爱丁堡的秋天"等。这些字串也就是图 2-3 所显示的文字。不可译字串是指在文件中所包含的用于版式控制、交互流程控制或者变量的描述性语言符号，或程序语言代码。这些符号并不是需要翻译的源语言的组成部分，而是用于实现计算机行为控制（包括显示方式控制），因而不需要进行翻译，也不能进行修改和改变，否则计算机的行为就会发生改变。

```
<html>
<head>
<meta http-equiv=Content-Type content="text/html；charset=utf-8">
<title>演示一下，你就知道</title>
</head>
<body>
    <h1 style=width：720px align="center">HTML 语言版式控制演示</h1>
    <p id=u style=width：720px align="center">
        <a href="">哪儿也不去</a>|
        <a href="http：//www.baidu.com">百度一下</a>|
        <a href="http：//www.google.co.uk">去英国的谷歌</a>
    </p>
    <div id=m style=width：720px align="center">
        <img src="pic_3.jpg" height="200" width="300">  ； ；
        <img src="pic_2.jpg" height="200" width="300">
        <p>爱丁堡的秋天(1) ； ； ； ； ；
            爱丁堡的秋天(2)</p>
    </div>
</body>
</html>
```

图 2-2 HTML 版式控制代码

图 2-3 HTML 版式显示示例

视频 2-1(可译字串和不可译字串的区分)进一步解释了如何在 HTML 中区分可译字串和不可译字串。

二、文件格式的自动化

文件格式的自动化处理，就是运用计算机辅助翻译软件对目标文件进行分析，将文件中所包含的可译字串和不可译字串区分开来，并将其中的可译字串抽取出来，呈现给译员，由译员完成从源语到目标语的转换，获取译文，然后使用译文替换掉目标文件中的原文(如图 2-4 所示)。由于文件格式并没有发生改变，文档的排版格式也不会发生改变。

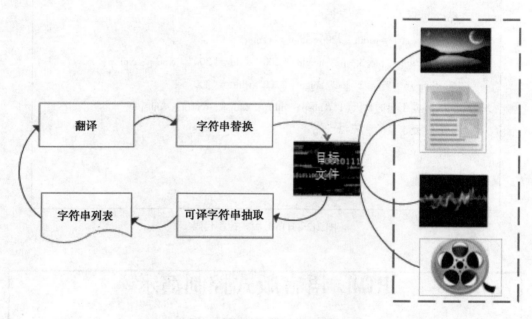

图 2-4　版面格式自动化原理

在计算机辅助翻译软件中，完成上述可译字串抽取功能的是文件格式分析引擎。目标文件的格式复杂多样，机辅翻译工具一般依据后缀名确定目标文件的类型，并依据文件类型调用相应的文件格式分析引擎。在文件打开后，格式分析引擎从读入的数据流中判断哪些是可译字串，哪些是不可译文字。对于可译文字，引擎需将该字串抽取出来，并记录字串的位置。被抽取出来的文字被译成目标语后，按照所记录的位置替换掉原有的可译字串。

对于文件格式公开的文件类型，包括文本格式的文件，其读取和写入遵循其格式规范即可。如果文件格式不公开，其读取相对困难，或者不可能。因此，不同机辅翻译软件所支持的文件格式不尽相同。一个机辅翻译软件所包含的文件格式分析引擎是有限的,不可能支持所有的文件格式,也不能抽取出所有文件中的可译文字。此外,即便是可支持的文件格式,也会由于文件版本的变化、文件格式中结构歧义的存在,其所抽取出来的可译字符串也会出现错误或不完整现象。

在运用机辅翻译软件对目标文件进行翻译时,还需要明确该软件对不同文档格式中可译字符串的定义和范围。文档中字符串的类型比较复杂,例如,Word 文档中除了正常的文字外,还可能包含隐藏文字、注析、脚注、页眉、页脚、页码等。如果需要将这些字符串抽取出来,就应该在抽取时通过设置将它们包含在可译字符串范围之内。

第三节　SDL Trados Studio 与版面格式自动化

一般的计算机辅助翻译软件都会支持从一种或多种文件格式中抽取可译字串。本节以 SDL TRADOS Studio(2015 版)为例介绍计算机辅助翻译软件在版面格式自动化中的应用。SDL Trados 是当前全球范围内最流行的计算机辅助翻译软件之一。据称,全球有 20 多万用户,全球 500 强企业有超过 90% 的公司都使用 SDL Trados 完成日常的本地化翻译工作。

使用 SDL Trados Studio(2015)完成版面格式自动化的流程如图 2-5 所示。版面格式自动化包含四项操作步骤,其中三项操作,即可译字串抽取、呈现以及源语字串替换都是由计算机辅助翻译工具自动完成。

图 2-5　SDL Trados 版式自动化流程图

一、软件格式支持类型

一种计算机辅助翻译工具的格式支持类型,是指该软件所具有的特定文件格式的分析引擎类型。不同计算机辅助翻译工具所支持的软件格式类型不完全一样。

在 SDL Trados Studio 中,不可译字串被称为"不需要查看或编辑的元数据"。2015

版 SDL Trados Studio 所支持的主要文件格式类型参见附录 I，详细信息可以参考该软件帮助文档中的"文件类型"部分。附录 I 中分别给出了所支持的文件类型的名称、用以判断文件类型的后缀名等信息。后缀名是判断文件类型的重要依据。例如，如果一个文件的后缀名为 DOC，则可以判断该文件为 Microsoft Word 文件，或 Trados Translator's Workbench 文件。这两种文件类型都得到 SDL Trados Studio 支持，可以通过直接打开方式将其中的可译文字抽取出来。

二、翻译单个文档

使用 SDL Trados 翻译单个文档，完成可译字串抽取和呈现这两个步骤的流程如下：

1. 从功能区选择文件 > 打开 > 翻译单个文档。此时会显示打开"文档对话框"。
2. 选择要翻译的文档并单击打开。此时会显示打开"文档对话框"。
3. 在对话框中设置相应的源语言和目标语言。
4. 单击"确定"。SDL Trados 即打开并分析要翻译的文档，将其中可译字串抽取出来，并打开"编辑器窗口"以供翻译。

视频 2-2(运用 SDL Trados Studio 翻译单个文档)演示了整个翻译流程。

三、可译字串抽取

对于可支持的文件类型，计算机辅助翻译工具一般提供两个功能：(1)依据文件后缀名确定文件类型，并自动从文件中抽取可译字串；(2)对于翻译工具所支持的文件类型，提供交互界面以便于用户自主确定"可译字串"所包含的范围。

虽然计算机辅助翻译工具可以自动识别文件类型、自动抽取可译字串，然而在实际的翻译任务中，待翻译文档中可译文字的类型比较复杂，有些是必须要翻译的，有些是可以翻译，也可以不翻译的，另外一些则是不能翻译的。以 Microsoft Word 为例，如图 2-6 所示，在该 Word 文档中，第一行"华中科技大学外国语学院"为超链接文本，第二行为包含有批注的文本，第四行为隐藏文本。在文本可译字符抽取过程中，上述类型的文本是否需要翻译应依据具体的翻译任务确定。因此，计算机辅助翻译工具除了提供自动可译字串抽取之外，还需要针对不同的文件类型，为用户提供灵活的抽取控制交互界面。

SDL Trados 为支持的文件格式提供了灵活的可译字串抽取控制交互界面。仍然以 Microsoft Word 为例。假定待翻译文本类型为 Microsoft Word 2013 版编辑文件。在前文所给出的打开多个文档进行翻译的流程中，在"打开文档对话框"内(如图 2-7)，单击"高级"按钮，打开"项目模板设置对话框"，转换到"文件类型 > Microsoft Word 2007-

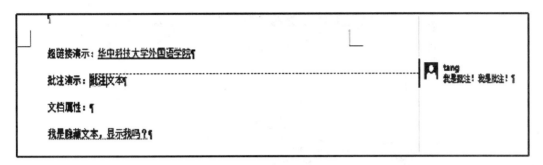

图 2-6 Microsoft Word 文本类型演示

2016 > 常规", 即可看到如图 2-8 所示的参数设置界面。依据翻译任务的具体要求设置是否需要提取隐藏文本、超链接以及备注等。SDL Trados (2015) 也提供了其他所支持的文件格式类型的精细控制, 具体可参阅相关帮助文件。

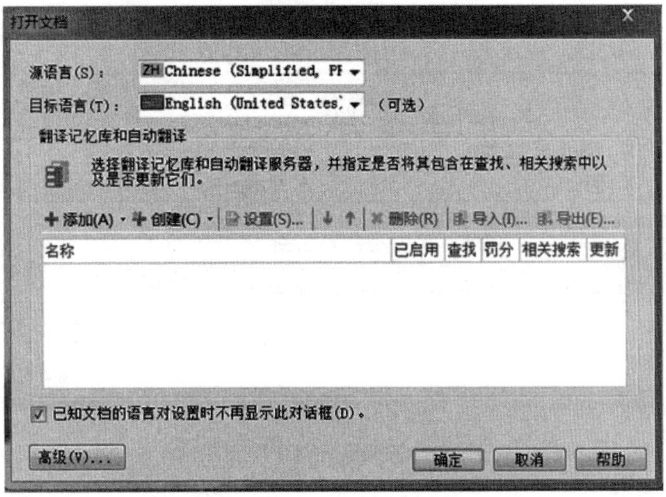

图 2-7 打开文档对话框

四、不可译字串的显示与处理

在实际翻译过程中, 不能将所有的不可译字串都隐藏起来。在某些情境下, 特别是当句子内部存在内嵌的格式时, 需要显示相关的格式字串, 以便于在翻译时正确处理这些格式字串。试观察图 2-9 网页视图, 该视图中"To be or not to be, that is the question"为句中斜体部分, "HUST"是一个链接, 在格式上为蓝色, 且有下画线标识。图 2-10 为图 2-9 网页的源代码。可以看出, 斜体部分位于标签 <i> 和 </i> 之间, 链接

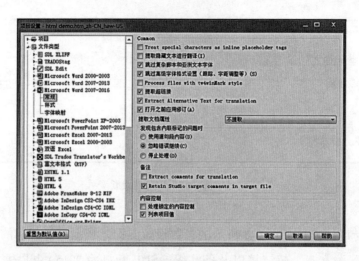

图 2-8 项目模板设置对话框

位于 <a> 和 </a> 之间。

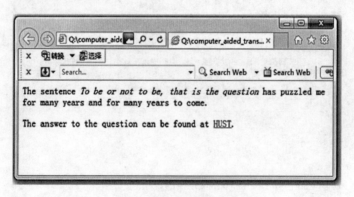

图 2-9 特殊格式句子网页示例

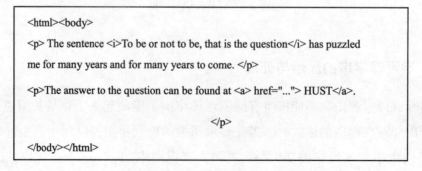

```
<html><body>
<p> The sentence <i>To be or not to be, that is the question</i> has puzzled
me for many years and for many years to come. </p>
<p>The answer to the question can be found at <a> href="..."> HUST</a>.
                            </p>
</body></html>
```

图 2-10 特殊格式句子网页源代码

　　两个句子的翻译如例 2-1 所示。可以看出，位于两个特殊格式中的字串在句子中的位置需要在翻译时进行相应处理。

　　例 2-1　多年来，"是存在还是毁灭，这就是问题"这个句子一直困扰着我。在未来

很长的岁月里，它仍然是我的困惑。

这一问题的答案可以在 HUST 找到。

　　在 SDL TRADOS 中，上述用于标识格式的符号成为标签(tag)。不同文件中的标签并不相同，SDL TRADOS 将这些标签区分为行内标签(inline tags)和结构标签(structure tags)，翻译编辑界面不显示结构标签，而仅显示行内标签。上述"<i>"等标签即是行内标签。依据标签内的文字在翻译编辑窗口呈现的多少，行内标签的呈现形式可区分为三种类型：完全呈现形式、部分呈现形式和不呈现形式，如图 2-11 所示。用户可以依据翻译要求确定呈现形式。

（a）无标签形式

（b）部分标签形式

（c）完全标签形式

图 2-11　行内标签的三种呈现形式

　　在翻译过程中，应注意保持行内标签的完整性。为此，需注意两个方面。首先，在翻译时应充分理解不同行内标签所表达的意义。如上例中标签 <i> 用于控制字体的呈现形式，标签 <a> 表示超链接。然后依据标签意义从原文中复制这些标签，并将相关译文嵌入开始标签和结束之间。其次，在翻译过程中插入或者复制标签时，应注意标签是否得到完整复制，这对于成对出现的标签尤为重要。如上文中的标签 <a> 与 </a> 分别为标识链接的开始标签和结束标签，在复制或者插入标签时，应确认两个标签都已完整使用。如果译员具备一些标记语言(如 XML，HTML)的基本知识，能

够理解标记语言的意义，将有利于提高翻译过程的准确性。

视频 2-3 (翻译编辑框中标签及其演示)演示了标签的显示方式以及翻译处理方法。

五、源语替换

在编辑器窗口完成原文的翻译、校对之后，源语字串的替换是由 SDL Trados 完成的。其操作步骤如下：

(1)选择 文件 > 译文另存为；

(2)生成文件所在的位置默认为源文档和双语文档所在的位置，根据需要修改保存位置和文档保存名称；

(3)单击"保存"。

SDL Trados 在保存译文过程中，使用译文替换掉原有文件中的原文，并保持格式不变化。

第三章　术语管理与翻译

术语知识库是保证翻译一致性、提高译文可读性的重要手段。本章讨论了术语的定义、术语抽取原理、术语知识库的构建、管理和应用。

术语是人们的科学知识在自然语言中的结晶，在科学技术现代化过程中具有非常重要的地位(冯志伟，2011：6)。在计算机技术的发展与应用中，如果没有统一和规范化的术语，计算机技术在处理语言文字时会困难重重；在生产、对外贸易等经济活动中，术语内涵的不一致会造成严重的经济损失。随着社会发展，信息不断增量，知识不断更新，网络不断发展，相应的网络翻译、检索软件、搜索引擎、文本分类、信息提出、知识挖掘等信息处理的需求越来越迫切，术语也成为语言信息处理的核心和瓶颈问题(张普，2010)。术语也反映了人们科学研究的成果，术语名称、含义的演变反映了科学思想的发展过程。例如，在物理学中，曾认为"热"是一种物质，因而有了"热质说"这一术语。其后法国科学家卡诺(N. L. Sadi Carnot)否定了"热质说"，抛离了"热质说"这一术语和定义，提出"热"是一种物理运动形式，得出了关于"能量守恒"原理的最早论述。从"热质说"到"能量守恒"是科学思想的发展，反映到术语中，就是术语的更替。

在信息化、全球化时代，术语工作与翻译工作也密不可分(刘涌泉，2010)。我国在早期物理学名词的翻译过程中，由于在翻译过程中没有遵循统一的规则，不同的译者在翻译时常有"混名之弊"，即便遵循这些规则，翻译定名中可以减少一些困难和混乱，仍然难以完全避免这一问题(王冰，2010)。如"物理学"一词，明末清初就有"格物"、"穷理"、"格致"、"费西加"等不同译法，译名的混乱可见一斑。

有统计表明，在传统翻译过程中，大多缺乏术语管理环节。国内语言服务企业中，只有6%的公司部署了专门的术语管理工具，43%的公司使用Excel等表格文件进行术语管理(王华树，2013)，显然这不能满足术语管理的要求。翻译企业中术语管理的缺乏是由翻译活动的自身特点决定的。传统翻译中译员面临各种类型的翻译任务。这些翻译任务所涉及的篇幅长短不一，有短小的相互不存在关联的收据清单，也有长篇的书本，且译员在翻译时并不具备相关的背景知识。在完成这些任务时，译员一般采取"临时术语管理"策略（Wright，1997：147）。在这一策略中，术语管理过程如下：

（1）在语境信息不充分情况下确定术语；

（2）创建术语列表；

（3）如果时间允许，记录术语使用语境；

（4）如果时间允许，利用已有术语构建概念系统。

由于这些翻译任务往往需要在短时间内完成，译员在后两个环节上的时间往往难以保证，从而使得术语的详细信息丢失，术语管理凌乱。

从翻译服务的视角来看，翻译内容越多，参与的人员越多，术语不一致的情况就会越严重，对翻译一致性的需求就会越迫切。朱耘婵（2016）对由三名译员采用传统翻译过程完成的一本环境学专著的译文进行了分析。该专著中出现次数超过 1 次的术语共有 43 个，对译文的检查发现，其中 18 个术语的译文不同，不一致比例达到 41.9%。这一现象与译员的专业知识背景密切相关。不同专业背景是造成术语不一致的原因之一；同一专业，不同学校也会导致术语使用的不一致。术语的不同翻译也与译员的语言习惯相关，如"household production"就有"家庭生产"和"住户生产"两个译文版本。

可以看出，一方面术语在语言应用和科学发展中具有重要地位，术语的规范性和统一性是科学发展的要求，也是信息时代的要求。而在另一方面，在传统翻译过程中存在多种因素导致术语使用的不一致现象，提高术语使用的一致性是提高翻译服务质量的关键环节之一。

第一节　术语的确认

一、术语的定义

管理和翻译术语的前提是术语的确认。为此，需明确术语的定义及其表现形式。明确术语的定义和类型是收集整理术语、构建术语知识库、实施术语管理、保证术语翻译一致性的首要环节。

术语定义的核心在于确定了在作为符号的术语表达式与作为认知工具的概念在某一特定知识领域建立起来的关联关系。我国的国家标准 GB/T 10112《术语工作·原则和方法》定义术语为"专业领域中概念的语言指称"。在国家标准 GB/T 15237.1—2000《术语工作词汇　第一部分：理论与应用》中，术语的定义为"在特定专业领域中一般概念的词语指称"。

按照"语义三角"理论（Ogden, Richards, Malinowski, Crookshank, Postgate, 1923），术语、概念以及所指之间的关系如图 3-1 所示。对于术语而言，三者之间的互动关系所体现出来的特征，也就是术语所体现出的本质特征，包括术语的专业性、科学性、单一性、系统性等。

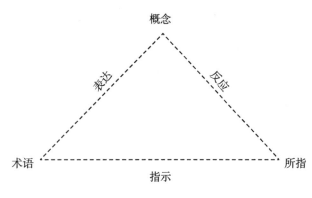

图 3-1 术语的语义三角

术语的专业性是指术语所表达的概念是特定知识或学科领域中的概念，是专门用途语言（language for specific purpose）的组成部分。术语的专业性是术语的最本质特征（冯志伟，2011：33）。术语语义三角中的"所指"是受限的，包括生产技术、科学文艺以及社会生活等专门领域，但不包含下棋、跳舞、唱歌、饮食、服装、休闲等日常生活，与这些领域中的所指相区分（张普，2010）。如法律术语中存在"无辜（innocent）"与"有罪（guilty）"这两个术语。在法律文本中，"无辜"与"有罪"是指某人在经过一系列法律程序之后进行的宣判。而日常生活中这两个词的所指严谨性，并不需要一系列程序。

术语的系统性是指语义三角中术语的形式、术语所表达的概念以及术语的所指不是独立的，而应该放到特定学科的概念体系中去规定，术语的理解也应该置于特定学科的概念体系之中。同样以"台式计算机"、"笔记本电脑"为例，对这两个术语表达的概念以及它们的所指的理解都应以计算机科学中有关计算机的相关概念、所指为基础，不仅要明确它们与显示器、CPU、主板等组成部件之间的关系，还应该区分与其他类型计算机之间的关系。由此可见，术语在本质上是概念系统的一部分，术语所表达的概念区分是对系统中不同概念的区分。

术语的单一性是指术语与概念、所指在特定学科领域内的对应关系具有唯一性。一个术语所表达的概念以及所指在一个特定学科领域是唯一的，不存在同一术语表达多个概念或者所指的现象。因此，在学科确定的情况下，术语语义三角中，术语与所指之间的指示具有唯一性，而不存在歧义。值得注意的是，同一术语在不同的学科领域可能表达多个不同的概念和所指。例如，"运动"一词，在政治、哲学、物理和体育4个领域指向不同的概念，因而不再具备单义性特征(张普，2010)。

术语的科学性是指术语所表达的概念的内涵具有准确的描述，语义三角中所指的范围具有确定性。例如，在计算机科学中，"台式计算机"与"笔记本电脑"两个术语分别定义了两种不同类型的计算机类型，"台式计算机"的一种定义是"一种独立相分离的计算机，主机、显示器等设备一般都是相对独立，需放置在电脑桌或者专门的工作台上"，而"笔记本电脑"可以定义为"小型、可携带的个人电脑，提供了键盘、触控板等定位和输入功能"。与此同时，台式计算机与笔记本电脑的所指范围也是明确的，不仅两者存在区分，也与其他类型的计算机，如服务器、工作台、掌上电脑、平板电脑等相区分。

二、术语的表现形式

术语的表现形式不仅包括单个的词语，还包括多词表达、搭配、格式文本、缩略词等(Wright，Budin，1997：14)。一个表达式如果满足上述术语的定义，其所表达的概念具有专业性、单一性、确定性，都可以归类为术语。

(一) 单词型术语

由单个词语构成的术语很多。如上文中提到的"电脑"、"笔记本"等都是计算机科学中的术语。单词型术语一般具有能产性，可以通过构词法或者词组构成的方法，派生出新的术语(冯志伟，2011：38)。如"电脑"通过构词法可以构成"台式电脑"、"手提电脑"、"嵌入式电脑"等。

(二) 多词型术语

由多个词语组成的术语称为多词型术语，如例3-1、例3-2、例3-3、例3-4中的"北京人民大会堂"、"国家科学技术奖励大会"、"labor-rights organization"等都构成多词型术语。多词型术语在构成、句法和语义等方面具有与一般性词组所不同的特征。在构成方面，这些短语虽然也由两个或两个以上的词语序列构成，但是词语之间的先后秩序是相对固定的(Moirón，2005)；在句法结构上，构成多词型术语的各个词语之间的句法关系的透明性减弱(Calzolari，Fillmore，Grishman，Ide，Lenci，2002)，词语作为构成单位的句法行为与这些词语独立使用时所表现的句法功能并不完全一致。更为重要的是，在语义上这些短语具有不透明性，其整体意义并不能够通过分析其中各个词语的意义获得，而是表现出较强的规约性(conventionality)。语法结构固定、句法透明性减弱、语义规约是多词型术语的显著特征(Sag，Baldwin，Bond，Copestake，Flickinger，2002)。以术语"国家科学技术奖励大会"为例，可以看到整个短语作为一个整体，指向一个特定事件。如果分别考虑其中的五个词语，即"国家"、"科学"、"技术"、"奖励"和"大会"，考虑各个词语的组合，并不能直接获得该短语的语义所指。

例 3-1　[中共中央]n、[国务院]n 2 月 14 日 在 [北京 人民 大会堂]n 举行 2011 年度 [国家 科学技术 奖励 大会]n，[国家 领导人]n [胡锦涛]n、[温家宝]n、[李长春]n、[李克强]n 等出席大会 。

例 3-2　[青藏 高原]n [地质 理论]n 创新 与 [找 矿]n 重大 突破获 [国家 科技 进步奖]n 特等奖。

例 3-3　An independent [labor-rights organization]n that Apple joined [last month] said Monday that it began its [inspections of the working conditions] at Apple [suppliers' factories] in China.

例 3-4　The [FLA's team] will also inspect [manufacturing areas], dormitories and other facilities. The organization plans to begin publishing its findings [early next month] on its website：http：//www.fairlabor.org/.

(三) 多词表达式

如果严格区分专业领域应用，多词型术语可以被认为是多词表达式的一种形式。Wright 等(1997)区分了多词型术语(multi-word terms)、集合型短语(set phrase)、搭配、标准化文本、术语缩略形式等，这些都是多词表达式的不同形式。表 3-1 给出了多词表达式的类型及示例。多词表达式具有多词型术语的所有特征：在结构上相对固定、句法关系不透明、语义规约化程度较高。在语言应用中多词表达式占有十分重要的地位。这一点在传统语言学中还没有充分认识到(Jackendoff，1997：156)。Jackendoff 认为多词表达式在个人词汇中的数量应该与单个词汇的数量基本相当。此外，Sag 等(2002)对 WordNet 1.7(Fellbaum 1999)进行统计后发现，其中 41% 条目都是多词表达式。我们随机抽取了一篇中文短文和一篇英文短文进行统计，发现中文短文中有 400 个词，其中包含 84 个多词表达式。如果假定每个多词表达式的长度为 1.5，那么短文中就有近 30% 的词构成了多词表达式。而在英文短文中，有 221 个词，其中包含 33 个多词表达式，如果采用同样的长度计算，该短文中的多词表达占据近

22.3%。因此，如果在翻译过程中，这些多词表达式已经存储在相应的数据库中，那么，翻译的效率会得到较大幅度的提高。也正是基于这一点，Austermuhl（2006：102）建议，把翻译作为职业生涯的人应该尽早开始有意识地在生活和翻译工作中收集和整理相关多词表达知识库。这些知识库构成个人百科知识词典的一部分，在相应的场合发挥作用。

表 3-1　　　　　　　　　　　　　多词表达式的类型

类　型	小　类	示　例
句法层面的搭配异常	句法异常搭配	at all，by and large
	cranberry 搭配（搭配中的一些词语仅在该搭配中使用）	in retrospect，kith and kin（亲友）
	缺陷性搭配（defective collocations）	in effect，foot the bill
	语词性搭配（phraseological allocations）	in/into/out of action，on show/display
语用程式	具有特定语用功能的表达式	alive and well；A horse, a horse, my kingdom for a horse!
	隐喻、谚语	you can't have your cake and eat it；enough is enough
	比喻	as good as gold
行业术语		计算机、路由器
语义程式	透明性隐喻	behind someone's back，pack one's bags
	半透明性隐喻	on an even keel（平衡的）pecking order（长幼强弱次序）
	不透明性隐喻	bite the bullet，kick the bucket
高频搭配	语义搭配、语义倾向性、语义启动结果（priming effects）	jam with FOOD
	聚类性搭配（collocation paradigms）	rancid butter/fat，face the truth/facts/problem
	句法搭配	（too…to…）
命名实体	地名、机构名、人名等专有名称	北京、WTO 等

第二节　术语管理策略

对应不同的术语翻译自动化水平要求，Wright & Wright(1997)区分了三种不同的管理策略。在第一种策略中，译文用于出版、广告、用户产品宣传、专利等，对翻译质量有较高要求，译员在翻译过程中不仅需要理解原文中术语的意义，还需要依据具体语境确定合适的目标语译文。由此，译员需要自主检索术语、修改术语定义、提供标注信息，同时也与其他译员、术语管理人员保持频繁沟通，而依赖于自动化的程度很低。

在第二种策略中，术语管理的目的在于为计算机辅助翻译过程提供术语译文参考。如果翻译项目满足如下情况：(1)在相近主题领域收集、整理了较大规模的平行语料(翻译语料)；(2)在相近领域收集、整理和构建了较大规模的术语数据库；(3)翻译过程中采用电子文本，运用计算机辅助软件开展翻译工作。那么，利用相关信息技术，就可以在翻译过程中为译员提供术语的译文提示，提高翻译自动化水平。

术语管理自动化的第三种策略是以术语数据库为基础，实现完全自动翻译。当需要翻译的文本数量巨大、翻译质量要求并不高时，利用术语数据库的相关信息，实现译文的自动翻译。术语数据库所包含的信息量越丰富、领域区分越明确，自动翻译的质量也就越高(Wright，1997)。

在语言服务背景下，特别是在大型翻译和本地化项目中，往往使用第三种策略，实现完全自动的术语翻译。为此，需要构建术语数据库，采取系统化的术语管理策略。系统化术语管理具有如下特征：(1)术语管理贯穿项目始终，在项目立项或者产品开发阶段开始考虑术语的一致性问题，在项目进行过程中充分利用术语数据库，在项目结项时对术语数据库进行整理。(2)保证术语数据库包含的信息丰富、全面。术语数据库中，不仅应包含术语及其对应译文，还应包含术语定义、术语用法示例、图片说明等。术语数据库不仅可用于翻译辅助，也可用于写作辅助、内容检索、拼写检查、翻译质量检查等多种需求。

第三节　翻译项目中的术语管理

王华树、张政(2014)讨论了翻译项目管理的四个阶段中术语管理工作的具体内容(见表3-2)。翻译项目所涉及的主体包括了客户、项目管理人员、工程技术人员以及译员，各个主体在启动阶段、计划阶段、实施阶段以及收尾阶段分别承担了不同的工作。在翻译项目管理过程中，术语管理本身也是一个复杂的系统工程，本书主要讲述术语抽取、术语数据库的构建、术语库在翻译实施过程中的应用、术语数据库的备份等技术基础，而不涉及相关管理工作。

表 3-2　　　　　　　　　　　　翻译项目中的术语管理工作

阶段 部门	启动阶段	计划阶段	实施阶段	收尾阶段
翻译客户	√ 响应LSP的术语咨询 √ 确定术语管理提案	√ 确定LSP的术语	√ 确定新术语	√ 确定新术语 √ 术语库更新和备份
项目管理	√ 确定客户术语需求 √ 估算术语管理成本 √ 制订术语管理提案 √ 同客户沟通和确定	√ 编写术语管理指南 √ 制订术语管理进度 √ 项目中术语设置 √ 术语资源分配和共享	√ 术语质量控制 √ 问题术语处理	√ 术语资源更新 √ 打包发送客户确认 √ 术语资源备份
工程技术		√ 确定术语管理指南 √ 术语提取参数设置 √ 提取源语术语列表	√ 术语系统配置 √ 术语技术支持	
语言翻译		√ 翻译提取术语列表 √ 翻译多語术语列表 √ SME审核和确定	√ 术语库设置 √ 术语识别和插入 √ 新术语讨论 √ 术语Query提交 √ 译后术语验证	

(引自王华树、张政，2014)

一、术语抽取

术语自动抽取（Automatic Term Extraction），也可称为术语自动识别，是指运用相关信息技术从语料中自动识别、抽取术语的过程。术语抽取依赖于各种语言知识库，也依赖于自然语言处理技术。

图 3-2 给出了典型的术语抽取流程图。用于术语抽取的输入一般为待翻译文本，此外也可使用某一领域的语料库，或者平行语料库。预处理过程包括复杂预处理和简单预处理两种类型。复杂预处理包括确定句子边界、词性标注、句法分析、语料对齐等。简单预处理仅包括确定句子边界。术语抽取需要考虑停用词（stop-word）问题。术语抽取中的停用词，就是不参与构成术语的代词（如他们、它、我们等）、连接词（如因为、所以、和等）、副词（如非常、很等）等。将这些词集合起来，写入一个文件，即构成停用词表。术语抽取的关键步骤在于候选术语生成和术语识别，分别在下面的章节介绍。

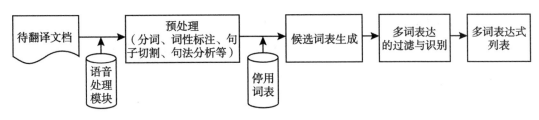

图 3-2　多词表达式抽取流程

(一)候选术语生成

不同的术语识别算法在生成候选术语的方式上不尽相同。本节仅介绍一种简单、直接的方法。在语料预处理完成之后，可以获取到一个句子列表，以句子为处理单位可生成候选术语。候选词表的生成是一个逆向扫描，并逐个生成候选词词表的过程。对于例 3-5 中的句子，自动抽取系统从右向左扫描，假设候选术语的最短长度为 2 个汉字，最大长度为 4 个汉字。在扫描完成之后，可以获得如例 3-6 所示的候选术语列表。初步检查例 3-6 可知，例 3-6(b)、例 3-6(d)是术语，其他不是术语。因此，需要将候选术语列表中的真实术语和伪术语区分开来，这就是术语识别需要完成的工作。

例 3-5①　它的内部结构没有导线，整体都是导电层。

例 3-6　(a)电层

　　　　　(b)导电层

　　　　　(c)是导电层

　　　　　(d)导电

　　　　　(e)是导电

　　　　　(f)都是导电

　　　　　(g)……

(二)术语识别原理

术语识别的方法分为两种类型：基于语言学知识的方法和基于统计计算的方法(周浪，2010)。基于语言学知识的方法主要利用术语的词形特征、词法构成模式、语义信息等相关知识确定候选术语是否构成术语。词形特征在某些语言，如英语中比较明显。例如，英语中要求许多术语的首字母大写，如"Natural Language Processing"、

---

①　选自新浪网科技栏目首页(http：//tech. sina. com. cn/)，2015 年 11 月 25 日 14：24。

"Term Extraction"等。词法构成模式主要应用于多词型术语的识别。术语在词语构成方面往往具有一定的模式。吴云芳等（2003）在调查信息科学和技术领域的专业术语时发现，在三词术语中高频出现的词类序列如表 3-3 所示。其中四种类型的构成模式占了整个出现频次的 39.5%，由此可知术语的构成模式具有一定的规律性。基于语言学知识的方法往往要求在预处理时对语料进行词性标注和句法分析，以便运用规则识别术语。周浪（2010）总结了基于语言学知识的术语自动抽取研究，具有代表性的系统包括 FASTR，Termight，Termino 等。

表 3-3 　　　　　　　　　　　信息科学和技术领域术语中三词术语的构成

词 类 序 列	出 现 频 次	比 　 例	实 　 例
N+V+N	744		探矿　工程　设备
V+V+N	543		分类　零件　号码
N+N+N	414		算术　逻辑　单元
V+N+N	389		并行　指令　代码
三词术语总条目	6046		

（引自吴云芳等，2003，实例为作者所加。）

基于统计的术语抽取方法主要利用术语内部结构的稳定性和术语的领域特性两个方面的特征来识别术语。术语内部结构的稳定性，或称为单元整体性特征（Unithood）（Kageura，Umino，1996），表现为术语内部各组成部分（即各词语）之间的关联强度。以上文中的"导电层"为例，这一术语的单元整体性特征，是指构成该术语的两个词语"导电"、"层"之间具有具有较强的关联度。单元之间的关联度与作为整体的术语在语料中出现的频次相关，也与术语的组成部分的频次相关。试观察例 3-7 所给出一段话语①：

例 3-7　Multiword expressions are expressions consisting of two or more words that correspond to some conventional way of saying things(Manning & Schutze，1999). Due to the idiomatic nature of many of them and their high frequency of occurrence in all sorts of text，they cause problems in many Natural Language Processing（NLP）applications and are frequently responsible for their shortcomings. Efficiently recognizing multiword expressions and deciding the degree of their idiomaticity would be useful to all applications that require some

---

① 节选自 Korkontzelos（2010：3）。

degree of semantic processing, such as question-answering, summarization, parsing, language modelling and language generation. In this thesis we investigate the issues of recognizing multiword expressions, domain specific or not, and of deciding whether they are idiomatic. Moreover, we inspect the extent to which multiword expressions can contribute to a basic NLP task such as shallow parsing and ways that the basic property of multiword expressions, idiomaticity, can be employed to define a novel task for Compositional Distributional Semantics (CDS). The results show that it is possible to recognize multiword expressions and decide their compositionality in an unsupervised manner, based on co-occurrence statistics and distributional semantics. Further, multiword expressions are beneficial for other fundamental applications of Natural Language Processing either by direct integration or as an evaluation tool.

例 3-7 中，"Multiword expression"，"Natural Language processing"，"NLP"以及"Compositional Distributional Semantics"都是术语。其中"Multiword expression"，"Natural Language processing"和"NLP"的出现频次都相对较高。

表 3-4 给出了用于计算单元整体性的各种统计方法。值得注意的是，各种统计方法在计算关联强度时都存在相对的优势和局限性：N 元频次适用于结构固定的术语；基于位置的方法则更有利于获取位置相对固定的术语表达式；在基于假设验证的方法中，T 检验假设数据满足正态分布，卡方检验不适合数值很小的情况，似然比不适合统计数字大的情况，互信息不是衡量依赖性的最好方法(张文静、梁颖红，2008)。

表 3-4   单元整体性统计工具

Unithood	说　　明
N 元频次	适用于结构固定的术语
同现频率	即两个词语一起出现在一定上下文窗口内的频率
相对频率	一个语料库中表达式相对于另一语料库的频率
位置的平均值	$\bar{d} = \dfrac{1}{n}\sum\limits_{i=1}^{n} d_i$，其中 d_i 为第 i 次同现时两个词之间的距离
位置变化标准差	$s = \sqrt[2]{s^2} = \sqrt{\dfrac{\sum\limits_{i=1}^{n}(d_i - \bar{d})^2}{n-1}}$，其中 $\bar{d}$ 为两个词之间平均距离，d_i 为第 i 例中两词的距离。

续表

Unithood	说　明
基于假设验证的方法	其中 null hypothesis 是两个词不相关。可用 T 检验、卡方检验、似然比、点互信息等
条件概率	$P = P(w1 \mid w2)$，其中 w1，w2 为构成术语的两个词语

术语的领域特性也称为术语性(Termhood)，是指候选术语与某一专业领域的关联程度(Kageura，Umino，1996)。用于计算术语性特征的统计量主要有 C-value，NC-value，统计障碍(statistical barrier)等方法(Korkontzelos，2010：52)。以下仅对 C-value 方法进行简单介绍。Maynard & Ananiadou(2000)所使用的 C-value 方法考虑了如下统计信息：

(1)候选术语在文档中出现的频率。

(2)候选术语被包含在其他术语中的频率。

(3)包含这一术语中的其他候选术语的数量。

(4)候选术语的长度。

首先计算一个候选表达式被包含的可能性：

$$NST(ct) = \frac{1}{P(T_{ct})} \times \sum_{b \in T_{ct}} f(b)$$

其中 T_{ct} 为包含候选表达式 ct 的表达式集合，$P(T_{ct})$ 为 T_{ct} 中的元素个数，$f(b)$ 为候选表达式 b 的频率。候选表达式的 C-value 可计算为：

$$C\text{-value}(ct) = \begin{cases} \log_2(\mid ct \mid) \times [f(ct) - NST(ct)], & \text{在 ct 为内嵌候选术语时} \\ \log_2(\mid ct \mid) \times f(ct), & \text{其他情况} \end{cases}$$

从上式可以看出，C-value 与候选术语本身的出现频率和长度成正比，而与被包含在其他候选术语内的频率和种类成反比。

(三)术语抽取实验

术语抽取相关研究开展地较早，不同学者已经开发出多种术语抽取工具，其中既包括商业软件，如 SDL Multiterm Extract，也包括共享软件，如 INTEX，ExtPhr32，Rainbow 等(见表 3-5)。不同抽取工具的界面虽然不同，但其基本原理是相似的，因此，本章仅以 Rainbow 为例，讨论术语抽取的实验操作。

表 3-5　　　　　　　　　　　　　　　　**多词表达抽取工具**

工具名称	链　接	说　明
INTEX	http：//www. nyu. edu/pages/linguistics/intex/	包含大规模词典和语法的语言开发环境
SDL Multiterm Extract	http：//www. sdl. com/cxc/language/terminology-management/multiterm/extract. html	SDL 开发的专用术语抽取工具
ExtPhr32	http：//publish. uwo. ca/~craven/freeware. htm	根据给定最小长度和最小出现频率抽取相关多词表达
Ngram Statistics Package	http：//ngram. sourceforge. net/	基于假设验证的 N 元字串抽取，支持 Fisher's Exact Test，Log likelihood Ratio 等
Rainbow	http：//www. opentag. com/okapi/wiki/index. php？title＝Rainbow	跨平台计算机辅助翻译工具
哈工大语言平台	http：//www. ltp-cloud. com/	综合语言处理平台

　　Rainbow 是一个跨平台共享软件，其中包含开展本地化所需的各种工具，如创建字符编码转换、文件格式转换、文本预翻译、文本对齐等。术语抽取是该软件的一项功能。使用 Rainbow(版本 0. 20)进行术语抽取的具体步骤见图 3-3。

```
1. 启动 Rainbow。
2. 将需要处理的文档放置主窗口中的 Input List 1。
3. 在 Language and Encoding tab，设置正确的语言类型和编码类型。
4. 从菜单栏 Utilities 中选择 Term Extraction。
5. 在 Term Extraction 对话框中设置相关参数。
6. 点击 Execute 按钮，在 Output path 所制订的文件中即可找到处理结果。
```

图 3-3　使用 RainBow 进行多词表达抽取操作流程

　　术语抽取结果的质量会因处理文本的特征以及抽取参数设置变化而不同。图 3-4 给出了使用 Rainbow 进行抽取时的参数设置界面。界面上给出了 9 种影响抽取结果的因素：术语的最小词长，术语最大词长，术语最小出现频次，是否区分大小写，是否考虑术语嵌套，是否使用停止词，是否对术语的起始词和结束词进行限定等。依据术语抽取原理对自动抽取原理及其过程的理解，上述因素都会按照不同形式对抽取结果施加影响，因而需要根据具体情况设置具体的参数。

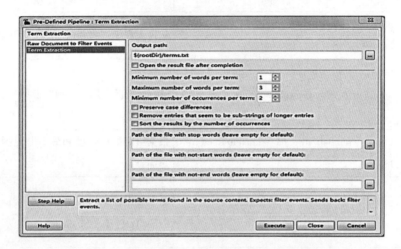

图 3-4　Rainbow(2.0)术语抽取参数设置界面

视频 3-1(使用 RainBow 抽取术语演示)演示了使用 Rainbow 抽取英语术语的实验过程。视频 3-2(RainBow 与中文文本术语抽取)演示了使用 Rainbow 抽取汉语术语的实验过程。Rainbow 所支持的文件类型包括 OpenOffice，XML，HTML，MS Office 等，因此可以直接以这些文件格式作为输入文件。值得注意的是，不同语言存在不同的编码格式，因此，在确定输入文件时，需要确定输入文件的编码格式。有关文本编码的知识见附录Ⅱ。

二、术语数据库构建

术语数据库是在翻译过程中实现术语管理的物质基础，术语数据库的建设也贯穿了翻译项目管理的整个过程。依据表 3-2 所示的术语管理工作列表，在启动阶段需要明确术语数据库的需求，在计划阶段需要确定术语数据库管理的方法、术语的采集、翻译以及入库，在实施阶段需要确定和更新术语数据库，在收尾阶段需要整理、备份和更新原有数据库。从术语数据库建设这一角度看，这些术语管理工作主要涉及三个方面：(1)术语知识描述，即术语数据库中应该包含哪些术语相关信息，也就是术语领域知识的微观描述框架；(2)术语库的构建、术语更新(包括基于机器学习的新术语发现、术语释义提取、术语聚类以及基于用户协同交互的术语修改、术语增删、术语审阅等)；(3)术语知识库应用模型，即术语数据库在辅助翻译过程中的应用方式、应用范围以及应用效率等。

(一) 术语知识微观描述框架

在术语数据库中，术语描述是否科学、准确、充分决定了术语库使用的范围和效率，然而做到科学、准确、充分地描述术语并非易事。早期在采用手工方法收集术语、制作术语卡片时，术语卡片所包含的信息一般包括术语本身、同义词、主题领域、日期、参考文献以及上下文信息等，但是在信息收集时具有随机性，缺乏对术语作为知识单元的系统性思考。

Wright (2001：584) 从术语管理角度出发，认为应采用"术语自治 (term autonomy)"原则确定术语的微观描述框架。所谓"术语自治"，是指在组织术语数据库时以"概念"作为数据库构建的基本单位，所有与某一概念相关的术语都应包含在该概念中，术语的词形特征、定义、上下文等描述信息都可以作为特定术语的附属信息。采用术语自治方法组织术语，可以利用概念之间的关联关系获取术语之间的关联，满足术语的可组合原则；同一概念的不同术语形式可以共享概念层面的共有信息。

在术语自治原则下，一个术语的微观结构包括语言知识、概念知识和关联知识 (宋培彦、王星、李俊莉，2014)。图 3-5 给出了术语知识的微观结构。其中语言知识给出了术语的表现形式，包括词形、语音、词性、翻译、词性等词汇学基本信息。对于翻译而言，这部分信息非常重要，其中译文的准确性与翻译质量息息相关，应该给出规范化的描述。术语的概念由同义词、释义、范畴等部分显性揭示，术语的概念体现为词语之间的关联关系，术语与范畴之间关系的确定以及通过定义和知识单元对术语概念的确定。术语的知识关联包括与该术语相关的，特别是与信息使用者认知能力相关的知识，如术语使用频率、参考图片、音频视频等。

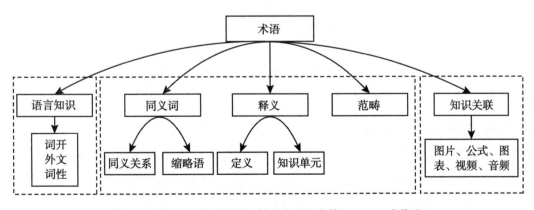

图 3-5　术语知识微观结构。转引自宋培彦等 (2014)，有修改。

(二) 术语库的构建

简单的术语列表并不具备快速检索功能，也不便于建立术语间的关联关系。当术语达到一定规模之后，为便于管理，需要建立术语数据库，以避免在缺乏管理情况下导致术语使用的混乱和使用效率的降低。术语数据库所提供的快速、准确的术语查询功能不仅应用于翻译过程，在其他相关领域，如文档写作、产品查询、产品使用帮助等方面都具有较大的应用价值。

从结构上看，术语数据库就是在计算机存储设备上，按照一定的格式存放的术语资料集合。然而对术语数据库的理解不能局限于"数据库"的概念之上，还应包括数据库系统所提供的数据库定义、数据库运行、数据库维护以及数据安全性、完整性等控制功能。其中最重要的是数据库所提供的索引功能。术语的索引和图书中的索引（即目录）很相似。图书中的索引是一份页码的列表，指向图书中的页号。对术语表的索引是一个记录号的列表，它指向待处理的记录，并确定了记录的处理顺序，表索引存储了一组记录指针。索引并不改变表中所存储数据的顺序，只改变读取每条记录的顺序，从而达到节省时间的目的。不同的语言需要建立不同的索引，因此，对于一个双语术语表，需要建立两个不同的索引，才能分别对其进行检索。

我们以 SDL Multi-Term 为例，讨论术语数据库的构建流程。图 3-6 给出了流程示意图，视频 3-3（面向 MultiTerm 的术语数据库制作）演示了术语数据库的构建流程。

图 3-6　SDL Multi-Term 术语数据库构建流程

构建术语数据库的过程主要包含两个操作：数据格式转换和索引添加。在术语抽取完成后，需首先对术语进行整理，其中主要是术语译文的添加，以获得双语术语列表。SDL Multi-Term 并不支持直接从文本文件中构建多词表达式数据库，因此需对所获取的双语术语列表文本文件进行格式转换：首先将文本文件转换为 Excel 格式的数据表；然后再将 Excel 格式数据表转换为 Multi-Term 能够支持的 XML 文件，并制订相应的索引机制；最后应用 Multi-Term 从 XML 格式中构建出可供使用的多词表达数据库。

(三)术语更新

对于 Multi-Term，至少有两种实现术语更新的方法。一种方法是在 Multi-Term 中直接修改、添加或者删除术语(详见 Multi-Term 中术语更新视频)。另一种方法则是在 SDL Trados Studio 中实现术语更新(具体操作参见视频 3-4(SDL Trados Studio 中的术语更新))。然而翻译过程中棘手的问题并不是术语更新的技术，而是术语更新策略的制订问题，包括术语更新应该由谁发起、术语审核的流程是怎样的、如何在术语更新中保证术语使用的一致性等。在翻译项目管理中，术语更新策略是需要认真考虑的问题。

三、术语数据库的使用

在翻译过程中使用术语数据库的主要目的是保证术语翻译的一致性，同时，通过在线使用数据库，也可以减少译员查询术语译文的时间，提高翻译效率。计算机辅助翻译工具一般都提供了术语数据库在线使用的功能。以 SDL Trados Studio 为例，在使用 SDL Multi-Term 构建完成术语数据库之后，通过在翻译项目中引入相关术语数据库，即可在翻译过程中在线使用(请参看视频 3-4(SDL Trados Studio 中术语的加载和使用))。

在 SDL Trados Studio 中在线使用术语数据库的一种有效方式是使用自动推荐(Auto-Suggest)功能。所谓自动推荐，就是用户在翻译编辑窗口输入译文时，系统会监控所输入的文字，并依据所键入的字母呈现一系列的词语或者短语，如果所推荐的结果与用户要输入的词语一致，就可以从列表中选择相应项，直接输入到对应的句段(如图 3-7 所示)。使用自动推荐功能需具备两个条件：(1)资源准备；(2)激活自动推荐功能。

自动推荐功能可以使用的资源包括：(1)SDL MultiTerm 2015 构建的术语知识库；(2)自动推荐词典。自动推荐词典可以在 ADL Trados Studio 中以翻译记忆库为基础构建。在构建时，首先要求翻译记忆库的规模应达到 10000 翻译单元以上。系统首先对翻译记忆库进行扫描，检查原文句段和译文句段中词语的对应关系，那些仅出现在某一个翻译单元的词语对应关系被认为是原文—译文对应关系，进而被加入到自动推荐词典。自动推荐词典文件的后缀名为"＊.bpm"。

进入"文件>AutoSuggest"可以设置是否开启自动推荐功能以及自动推荐资源的来源。当这一功能被激活时，系统会根据用户在翻译编辑窗口的输入行为自动检索相关术语，生成候选术语列表，用户可以自主选择术语译文，从而避免了频繁的查询操作(请参看视频 3-5(SDL Trados Studio 中术语 AutoSuggest 功能使用演示))。

图 3-7　自动推荐功能演示

当翻译项目有多个译员参与时，术语数据库需要采用共享的方式使用。术语数据库共享可以采取三种不同方式：文件交换、文件共享和服务器共享方式。

在网络条件不成熟、或者使用的数据库管理系统不一致情况下，可以通过文件交换形式共享数据库。在文件交换过程中，可以使用标准术语数据库格式（如 TermBase Exchange），以保证数据格式的可兼容性。TermBase eXchange（缩写为 TBX）基于 XML，是一种用于表征结构化的术语数据的国际标准（ISO 30042：2008），由 ISO 和本地化行业标准协会（Localization Industry Standards Association，LISA）发布，并在 2008 年成为国际标准。TBX 定义了一组术语标注语言，通过遵照这一术语标注语言，翻译人员、文档写作人员以及计算机辅助翻译工具等可以顺畅地交换术语相关的数据。然而这种方式也存在较大的局限性，如在翻译过程中如果需要添加、修改术语，则需要对整个术语数据库进行替换。

在局域网条件下，可以通过文件共享方式实现术语数据库共享。其具体模式如图 3-8 所示。首先由团队人员中的一人构建数据库，并将该数据库文件设置为网络共享，然后团队其他人员通过局域网调用共享术语数据库文件。在这种模式下，团队人员可以在翻译过程中更新术语库，其更新结果可以即时为团队所有人员使用。

图 3-8　局域网中的术语数据库共享

在局域网或者互联网条件下，如果有 MultiTerm 服务器，则可以通过服务器方式显现术语数据库共享。与文件共享形式相比较，使用 MultiTerm 术语服务器，在控制术语库修改权限方面可以更加灵活。例如，可以允许团队中一人或者多人拥有术语库更改权限。

第四章　翻译记忆库

翻译记忆库是管理翻译过的语言片段的数据库系统，通过检索与匹配提供预翻译功能。利用语料对齐工具和翻译后维护可以构建翻译记忆库，记忆库中语言片段的大小以及翻译质量是影响其使用效率的主要因素。充分利用翻译记忆库可以大幅提高翻译效率。

第一节　什么是翻译记忆库

作为术语，翻译记忆库（Translation Memory，TM）的定义与一般的理解并不完全相同（Melby，Wright，2015）。一般而言，翻译记忆库被认为是一个数据库，用于储存翻译过的语言片段，以便于在未来的翻译中重复使用，提高翻译率。然而，在计算机辅助翻译领域，翻译记忆库不仅是一个数据库，也是一个计算机辅助翻译工具（Gotti 等，2005），其不仅储存了翻译过的语言片段，还具备管理翻译数据的能力，能够创建、储存、浏览、抽取以及处理翻译单元，是一个能够为翻译人员重复利用已有翻译成果提供各种协助的数据库管理系统。

翻译记忆库技术发展的历史，反映了人们对这一概念认识的不断深入。早在20世纪70年代，ALPAC 曾提及欧洲煤炭钢铁联盟的术语署采用数据库储存翻译人员的翻译成果，并将其用于协助译员搜索语境相关的词语、打印出与待翻译句子相匹配的译文。这是最初级的翻译记忆库技术。

Hutchins（1998）在总结翻译记忆库发展历史时，认为有三位专家在推动翻译记忆库的应用方面发挥了重要作用：Peter Arthern，Martin Key 和 Alan Melby。Arthern（1979）较早地提出了翻译记忆库的原型概念，认为文本处理系统可以记录经过标准化处理的文字片段，因为这些片段会得到不断的重复应用。Arthern 同时注意到欧洲社团学院（European Community Institutions）的许多文本经常高频率重复，一些社团文本的整篇文章都频繁被引用。他据此认为，要提高文件处理系统的效率，系统应该有足够的中央记忆存储能力，能够将处理过的信息，包括它们的翻译文本记录下来。

Key(1998)在1980年提出机器应该逐步地替代人在整个翻译流程中所完成的一些特定任务。达到上述目标的基本思路是扩充现有的文字处理工具，让其逐步具备一些翻译的功能。其中最基本的功能就是一个多语言文字编辑器，这个文字编辑器能够自动查阅词典或者短语，能够自动提供文本片段的翻译。

Alan Melby认为双语检索工具对于翻译人员而言是一个非常有用的工具。利用这样的检索工具，翻译人员可以确定在一定的上下文环境中某一个文本片段的可能译文。Melby(1982)描绘了这一工具的具体工作机制：待翻译文本和已翻译的被切分为一定的单元(或称为翻译片段，如果以句子为单位，则成为句段)。对于待翻译文本中的一个翻译片段A，需要查找的目标翻译片段应该包含能够应用于A的翻译的目标语言片段，而不是每一个词语的翻译。采用这一机制，可实现人工翻译和机器翻译之间的高度整合，由此打造的翻译环境能够提供三个层面的辅助。在第一个层面上，如果待翻译文本不是电子文本，译员应该能够直接使用相关工具键入翻译文本，并在翻译过程中能够利用平行术语库快速查阅术语，平行术语库的形式可以是本地文件，也可以是基于网络的远程数据库。同时，译员还能查看平行语料库。在第二个层面，如果待翻译文本是电子文本，辅助翻译环境应该能够检索工具，译员能够使用检索工具查找一些不常用的词或短语的翻译版本，辅助环境应该能够自动查找相关术语，自动给出术语的所有可能翻译，并能自动地将所选择的译文插入相关的译文文本中。第三个层面则是将译员的翻译工作平台和自动机器翻译整合起来，构建一个能够进行自主评估译文质量的辅助系统，译员可以依据需要对翻译结果进行整合、修改或者不予采纳。这一层面在计算强度和语言处理方面比第二个层面要复杂得多，但是其基本逻辑是相似的，不同之处在于第二层面提供的是短语或者术语的参考译文，而第三层面提供的则是句子的参考译文。

翻译记忆库后期发展最重要的课题是翻译片段的确定及其提取技术。Gotti 等(2005)依据翻译片段抽取的方式将翻译记忆库的发展分为三个阶段。第一阶段抽取译文时所采用的匹配方式是完全匹配，即只有完全匹配的翻译单位才会被抽取出来作为参考译文。第二阶段采用模糊匹配方法从翻译记忆库中抽取译文。采用模糊方法进行匹配，可以将那些仅在命名实体存在不同的句子抽取出来。王正(2011)则将这两种形式统一称为第一代。第二代翻译记忆库可以在组块(chunk)这一层面进行检索，并依据检索结果抽取相关译文，这一阶段也可称为低于句子级别的翻译记忆库。

第二节　翻译记忆库的应用模式

翻译记忆库的有效使用是运用计算机辅助翻译工具提高翻译效率的重要环节。总体看来，可以采用两种方式在翻译过程中应用翻译记忆库：预翻译模式和句段模式（见图4-1）。在预翻译模式中，计算机处理的单元是待翻译文档。在完成相关设置后，计算机辅助翻译工具以翻译记忆库为基础，采取自动翻译的方法对待翻译文档进行翻译，并生成粗翻译文档，并提供给译员进行编辑、处理。在句段模式中，计算机辅助翻译工具依据待翻译的一个语言片段的相关信息，在翻译记忆库中进行检索、匹配，并对检索结果进行过滤后生成翻译提示提供给译员作为参考。

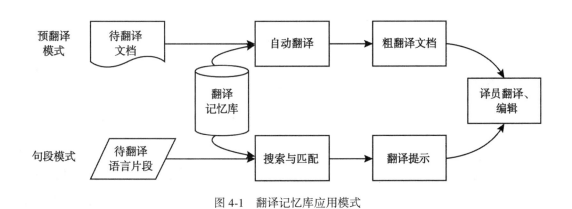

图 4-1　翻译记忆库应用模式

一、SDL Trados Studio 中的预翻译模式

以 SDL Trados Studio 2015 为例，在构建翻译项目的过程中，系统利用已有的翻译记忆库、术语库等进行"预翻译（Pre-Translate）"。这种应用模式即文档模式。系统自动在翻译记忆库中查找相似的句子，并将相关译文应用到翻译过程中。此外，用户还可以依据实际需求，通过批处理界面调整预翻译过程中的参数，以控制匹配的数量和精度。如图 4-2 所示，在新建项目过程中，用户可以对预翻译进行设置，其中最重要的参数是"最低匹配率"。这里的匹配率是指待翻译句段与翻译记忆库中的句段之间的匹配程度。最低匹配率是系统是否针对某一待翻译片段执行自动翻译的阈值。其缺省数值为100%。如果降低这一阈值，那么在执行结果中，更多的文本将得到自动翻译译文，但是其准确率也随之下降。具体操作过程请参考演示视频 4-1（文档模式翻译记忆库使用演示）。

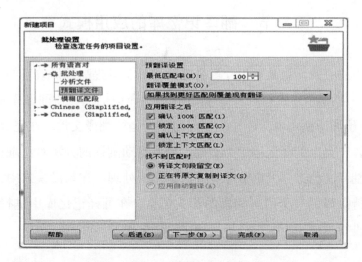

图 4-2　SDL Trados Studio 预翻译参数设置

二、SDL Trados Studio 中的句段模式

在 SDL Trados Studio 中，句段模式主要应用于译员在对句段进行逐句翻译过程中。演示视频 4-2(翻译过程中翻译记忆库的使用演示)提供了句段模式的应用演示。

在翻译记忆库加载后，当用户光标进入翻译编辑器某一个译文句段时，SDL Trados Studio 就会对相应的原文句段进行检索、匹配，如果能够找到大于或者等于系统所设置的匹配阈值，就将所找到的句对显示在对应的窗口，供用户选择、编辑和应用。类似地，SDL Trados Studio 也提供了相应的最低匹配阈值设置界面(见图 4-3)。用户可以根据具体情况设置阈值。

值得注意的是，最低匹配阈值的设置将直接影响系统输出。如果阈值设置太高，翻译记忆库系统可能无法找到满足阈值的语言片段，一些可能在翻译中使用的语言片段因为阈值太高而未能检索出来。与此相反，如果阈值设置太低，系统有可能选取到大量不适合的语言片段，从而增加选择的复杂性，影响翻译效率(Bowker，2002)。在 SDL TRADOS Studio 中，最低匹配率的缺省取值为 70%，可设置值范围为 30%以上。最大命中数是记忆库搜索返回的最大匹配数。缺省设置为 5，可以设置范围为 1—50。

在罚分界面(见图 4-4)，SDL TRADOS Studio 为控制翻译记忆库的使用提供了更多的选项设置。所谓罚分，是指待翻译句段和翻译记忆库中句段不满足共享某一特征，或者译文来源存在质量上的顾虑时，通过减少匹配度来控制搜索结果的方法。从界面可以看出，可供考虑的特征包括格式、译文来源等。一般的翻译记忆库都提供了参数

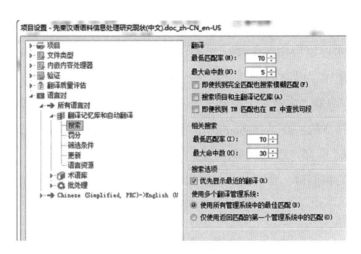

图 4-3　SDL TRADOS 记忆库匹配阈值设置界面

调整，利用参数调整可以改变系统进行模糊匹配的方式，争取达到最佳匹配效果，最大化利用翻译记忆库。然而不同 MT 的系统能够调整的参数可能不同，参数界面也会有所不同。

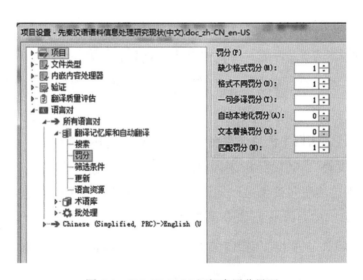

图 4-4　SDL TRADOS 记忆库罚分界面

三、匹配率计算

在预翻译模式和句段模式中，都提到了最低匹配率的概念。最低匹配率是指待翻译句段和翻译记忆库中句段之间的匹配程度（或称为相似度）。因此，有必要初步匹配率的计算方式。为此，我们对基于实例的机器翻译（EBMT）技术做一简单介绍。虽然 EBMT 与翻译记忆库不一定属于同一技术范畴，但两者之间存在着紧密关联，很多应用于 EBMT 的技术可以应用于翻译记忆库（Somers，1999），因为两者的基本技术路线是一致的，都是在保存已有的翻译文本语料的基础上，通过匹配方法进行重复利用。

我们以 Li 等（2006）为例来解释句子相似度的计算方法，该研究提出了基于语义和词序的相似度计算方法。在 Achananuparp 等（2008）所进行的 14 种句子相似度算法评比中，Li 等（2006）具有一定的优势。

计算句子间的相似度，需考虑两个方面：语义层面的相似度S_s和词序层面的相似度S_r。给定两个句子 T_1，T_2，它们的相似度的计算方法为：

$$S(T_1, T_2) = \delta S_s + (1-\delta) S_r = \delta \frac{s_1 \cdot s_2}{\| s_1 \| \cdot \| s_2 \|} + (1-\delta) \frac{\| r_1 - r_2 \|}{\| r_1 + r_2 \|} \tag{1}$$

为计算语义层面相似度S_s，首先获取集合 $T = T_1 \cup T_2$。利用 T 可构建 T_1 和 T_2 的语义向量 s_1 和 s_2，然后计算两个向量之间的 cosine 相似度。

以 T_1 为例，计算 T_1 的语义向量 s_1 时考虑了 T_1 和 T 之间共有或者相似的词语以及这些词语在语料库中的概率，具体计算方法见公式（2）。首先，

$$s_1 = \check{s} \cdot I(w_i) \cdot I(\widetilde{w_i}) \tag{2}$$

通过比较 T_1 和 T 获得长度为 $|T|$ 的向量 $\check{s}$。其构建方法为：考察 T 中的 w_i，如果 w_i 出现在 T_1，那么 $\check{s}_i$ 为 1，否则，在 T_1 中寻找与 w_i 具有最大相似度 ζ 的词语 $\widetilde{w_i}$，如果两者的相似度大于一定阈值，则使 $\check{s}_i = \zeta$，否则 $\check{s}_i$ 为 0。其次，获取词语 w_i 和 $\widetilde{w_i}$ 在语料库中的概率 $I(w_i)$、$I(\widetilde{w_i})$。考虑词频的原因是研究发现高频词包含的信息量少，而低频词包含的信息量大，将词语概率信息包含在语义相似度计算中，以改变不同词语的权重。

除语义相似度外，式（1）还考察词语层面的相似度S_r。S_r的计算以 T_1 和 T_2 的词序向量 r_1 和 r_2 为基础。词序向量也是以词语集合 T 为基础。以 T_1 为例，通过如下方法计算 r_1：逐个考察 T 中的词语 w_i，如果在 T_1 中找到，在向量 r_1 记录下其在 T_1 中的序号，否则，在 T_1 中寻找与 w_i 最相似词语 $\widetilde{w_i}$，如果 w_i 与 $\widetilde{w_i}$ 之间的相似度超过一定阈值，记录下 $\widetilde{w_i}$ 在 T_1 中的序号。否则，该位置记为 0。由此可获取 r_1。

图 4-5 给出了采用 Li 等（2006）的算法计算句子相似度的示例。为计算图中 T_1 和 T_2 之间的相似度，首先获取 T。假定 fox 与 dog 的语义相似度为 0.8，fox 与 bees 的语义相似度为 0.1，lazy 与 diligent 之间的相似度为 0.9，则可以计算 $\check{s}_1$ 和 $\check{s}_2$。如果能从语料库中获取各词在语料库中的概率，即可计算出语义相似度S_s。类似地，采用 T 获取词序向量 r_1 和 r_2，进而计算出词序相似度，进而计算出两个句子的相似度。

```
┌─────────────────────────────────────────────────────────────────────────┐
│ T1：A Quick brown dog jumps over the lazy fox.                            │
│                                                                           │
│ T2：A quick brown fox jumps over the diligent bees.                       │
│                                                                           │
│ T：{a   quick  brown  dog  jumps  over  the  lazy  fox  .  diligent  bees }│
└─────────────────────────────────────────────────────────────────────────┘
```

T:	a	quick	brown	dog	jumps	over	the	lazy	fox	.	diligent	bees
$\breve{s}_1 =$ [1	1	1	1	1	1	1	1	1	1	0.9	0.1]
$\breve{s}_2 =$ [1	1	1	0.8	1	1	1	0.9	1	1	1	1]
$r_1 =$ [1	2	3	4	5	6	7	8	9	10	8	4]
$r_2 =$ [1	2	3	4	5	6	7	8	9	10	8	9]

图 4-5　句子相似度计算示例

从 Li 等（2006）的句子相似度算法可以看出，在匹配过程中，会考虑到多种特征。包括句子中所包含的词汇相似性、句子的长度、标点符号、词语出现的顺序等。

第三节　翻译记忆库的构建

一、语料对齐算法

翻译记忆库在本质上是一种平行语料库，其中源语与目标语在某一语言层次上存在一一对应关系。因此，构建翻译记忆库的关键技术是语料对齐（alignment）。所谓语料对齐，就是将源语中的语言片段（G_s）与目标语中的语言片段（G_t）对应起来，其对应的依据是 G_s 与 G_t 之间存在语义或者语用功能上的对应关系。如例 4-1 中 G_s 与 G_t 是一个句对，两者互为译文。值得注意的是，具有对齐关系的语言片段可以是句子，可以是短语，也可以是词。Brian Harris 提出了对齐语篇（bitext）的概念。所谓对齐语篇，就是在译者脑袋中存在的源语片段以及其所对应的译文片段。对齐语篇可以是句子，也可以是小于句子的地位，如小句（clause）（Melby，Lommel，Vázquez，2015）。因此，语料对齐可以是句子对齐，也可以是短语对齐，或者词对齐。本章主要讨论句子对齐问题，短语对齐、词对齐可以参阅 Ahrenberg（2015）。

例 4-1 G_s：全球经济复苏艰难曲折，主要经济体走势分化。

G_t: The road to global economic recovery has been rough, with many ups and downs, and the performance of the major economies has been divergent.

参与语料对齐的一般是两个文本：源语文本 *S* 和目标语文本 *T*，文本 *T* 是文本 *S*

的翻译。文本 S 包含 m 个句子，T 包含 n 个句子，即

$$S = <s_1, s_2, \cdots, s_m>$$

$$T = <t_1, t_2, \cdots, t_n>$$

经过句子对齐处理，可以获得句对列表 $A = <a_1, a_2, \cdots, a_f>$，其中 a_i 称为一个句对，$a_i = <s^i, t^i>$，且 a_i 需满足如下要求：$|s^i| = 1$ 或者 $|t^i| = 1$，即在一个句对中，至少源语或者目标语只包含一个句子。

采用概率方法进行句子对齐的基本原理是寻找源语和目标语之间存在的对应特征，并使得所获取的对齐结果中目标语文本和源语文本之间的对应关系最大化（王斌，1999）。在给定源语文本 S 和源语文本 T 的条件下，可以构建多个对齐结果 A，其中能够使条件概率 $\mathrm{Prob}(A \mid S, T)$ 最大的那种对齐结果，即被认为是正确的对齐模型。这一想法的概率模型可以表述为：

$$\hat{A} = \underset{A}{\mathrm{argmax}}\,\mathrm{Prob}(A \mid S, T)$$

应用这一概率模型时，需回答两个问题，其一是如何计算 $\mathrm{Prob}(A \mid S, T)$，其二是如何在巨大的搜索空间中有效地搜索出最大的概率值对应的对齐。第二个问题是算法问题，与本书关联性不大，我们主要关注第一个问题。

为计算 $\mathrm{Prob}(A \mid S, T)$，我们先做出一系列假设：

假设（1）：$P(A \mid S, T) \approx \prod\limits_{i=1}^{f} \mathrm{Prob}(s^i \Leftrightarrow t^i \mid S, T)$

假设（2）：$P(A \mid S, T) \approx \prod\limits_{i=1}^{f} \mathrm{Prob}(s^i \Leftrightarrow t^i \mid s^i, t^i)$

假设（3）：$P(s^i \Leftrightarrow s^t \mid s^i, s^t) \approx P(s^i \Leftrightarrow s^t \mid \lambda_1(s^i), \lambda_1(s^t), \cdots, \lambda_k(s^i), \lambda_k(s^t))$

假设（1）假定 $\mathrm{Prob}(A \mid S, T)$ 的概率计算是在源语文本 S 和目标语文本 T 条件下所有句对概率 $\mathrm{Prob}(s^i \Leftrightarrow t^i \mid S, T)$ 的乘积。这一假设条件仍然考虑了 s^i 和 t^i 的上下文对于句对概率的影响。假设（2）则进一步取消了在对齐过程中句子顺序以及上下文的影响，仅考虑当前 s^i 和 t^i 之间的对应概率。假设（3）进一步认为 s^i 和 t^i 之间的对应概率是由有限的共享特征"$\lambda_i(s^i)$，$\lambda_i(s^t)$"决定，且不同特征的权重不同，如例 4-1 中汉语的"经济体"与英语中的"economies"之间的对应可以构成有效共享特征"λ_i（经济体），λ_i（economies）"，因为两者互为翻译。由此，$\mathrm{Prob}(A \mid S, T)$ 的计算可以最终归结为每个双语片段在有限个属性特征下的条件概率计算。其中对双语片段中对齐属性的选择是影响对齐正确性效果的关键因素。

那么，在双语片段中，哪些属性决定了两个语言片段的对齐程度呢？可供选择的属性很多，常用的有长度、词汇信息、文本格式等。

基于长度信息进行句子对齐是基于这样的观察：在实际存在的大量翻译文本中，我们常常发现原文句子和其对应译文句子的长度之间存在一定的关系。具体而言，较长的原文句子一般趋向于翻译成较长的译文句子，而较短的原文句子则一般趋向于翻译成较短的译文句子。这种现象也可以用信息论理论这样解释：一般来说，同一语言中较长的句子通常比较短的句子携带更多的信息量，因此它常常通过携带较多信息量的较长的译文句子来表达，这样才能基本保证翻译过程中意义的完整性。基于这种考虑，在句子对齐过程中可以通过原文和译文中句子长度的比较匹配来获得原文中句子与译文中句子互为翻译的概率。

基于词汇信息的句子对齐是以词典中提供的大量词汇翻译信息为基础计算对齐片段的概率。词汇信息可以包含多种类型，如(1)数字的对应性；(2)标点符号的对应性；(3)词语对译；(4)特殊词表(机构名称、称呼、日期)等。在翻译过程一般会严格要求上述信息在文中的对应关系。因此，包含这些对应关系的句子更有可能构成对应关系。

二、语料对齐工具及其使用

当前可用的语料对齐工具比较多，各种工具各有优势。表4-1给出了几种语料对齐工具。

表4-1 双语对齐工具

名 称	网 址	说 明
GIZA++	http：//summerbell. iteye. com/blog/397508	词对齐工具
The Berkeley Word Aligner	https：//code. google. com/p/berkeleyaligner/	
NATools	http：//linguateca. di. uminho. pt/natools/	包含句子级别和词级别的对齐工具
ABBYY Aligner	http：//www. abbyy. co. il/？categoryId＝100955	商业软件
PostCAT	http：//www. seas. upenn. edu/~strctlrn/CAT/CAT. html	
WinAlign	SDL TRADOS	

本章以 WinAlign 为例介绍句子对齐工具的使用。如图4-6所示，使用 WinAlign 完成句子对齐的基本步骤如下。请同时参看视频演示4-3(使用 WinAlign 创建平行语料库)。

(1)依据 WinAlign 所支持的文件格式类型，准备源语言文档和目标语言文档，以及断句规则。

（2）依据对需要对齐的语料特征的观察以及 3.2 节的语料对齐原理，对文档相关参数、对齐特征以及导出格式等程序运行参数进行设置。

（3）运行 WinAlign，对输入文档进行自动对齐。

（4）对输出结果进行审查，编辑，保存。

（5）导出处理结果。

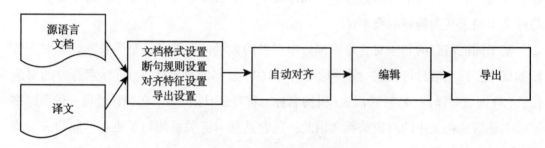

图 4-6　WinAlign 完成句子对齐流程图

流程中两个主要的操作是断句规则的设置和对齐特征设置。WinAlign 为各种语言提供了默认的断句规则。对于英语而言，WinAlign 将句号、感叹号、问号、制表符以及冒号作为句子边界，并提供了相应界面，对默认断句规则进行修改。值得注意的是，断句规则的设定决定了对齐后翻译记忆库在应用时的断句规则。

对齐特征设置是影响自动对齐质量的主要环节。如图 4-7 所示，WinAlign 给出了 4 个可供调整的对齐特征：标记、数字、特定字符以及格式。标记特征是指在一些格式的文档(如 HTML)中所包含的格式标记。通过使用标记显著性滑动条可以增加或者减少标记在对齐过程中的权重。如果需要对应的文档中包含大量的相互对应的标记，增加标记的权重有利于提高对齐的精度。

特定字符特征(英文为 expectations)是指包括数字、首字母缩略词(如 CPU)等在科技文献中对应性较强的字串，这些字串在对齐过程中可以起到锚点(anchor point)的功能。因此，在处理科技文献时，可以相应提高这类特征的权重。

格式特征是指原文和译文中的文本排版格式。WinAlign 倾向于将具有相同排版格式的关联起来。例如，具有相同的"强调格式(bold formatting)"的原文片段和译文片段会影响对齐结果。如果原文和译文在文本排版格式上一致性很高，增加格式特征的权重也有利于提高对齐精度。此外，因为数字在翻译时一般需保持不变，因此，在处理包含数字比较多的文档，可依据具体情况提高数字的显著度。

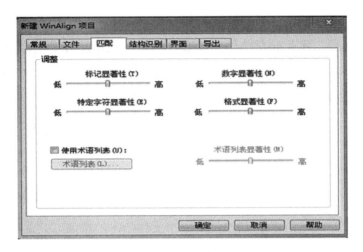

图 4-7　WinAlign 对齐特征调整界面

此外，使用双语术语表也是提高对齐精度的一种方式。双语术语表应该放置在一个文本文件中，文本中一行包括一个源语和目标语术语对，其中用制表符相隔。通过调整滑动条可以调整术语在对齐过程中的权重。

三、语段边界划分与翻译单位

(一) 翻译单位

前文讨论了语段的单位可以是句子，或者短语。在翻译记忆库的使用过程中，语段匹配是使用效果的核心。因此，为提高翻译记忆库的有效应用，需仔细考察语段这一翻译记忆库的基本单位。

从理论上讲，作为翻译记忆库的基本单位，语段也应该是翻译的基本单位 (translation unit)。那么，翻译的基本单位应该是哪一层次的语言单位呢？罗选民 (1992) 区分了翻译过程中的"分析单位"和"转换单位"，并提出小句作为翻译的转换单位。彭长江 (2005) 则作了更为详细的区分，他认为翻译单位是一个上位概念，应指翻译活动中所涉及的任何言语单位。如按照分析、转换、重构三个步骤，可以将翻译单位区分为分析单位、转换单位和重构单位。对于翻译记忆库而言，所涉及的主要是翻译的转换单位。作为翻译转换单位，在源语和目标语中，都应是相对于语境独立的最小单位，如此才能保证翻译片段的复用频度 (苏明阳、丁山，2009)。

一个语言单位如果能够在源语和目标语中相对于语境独立，那么这一单位将具有较大的可重复性，且译文需要编辑的工作量能够达到最小。试观察例 4-2，假定原文中的储存形式。

有两种类型。可以看出，如果将例 4-2-2A"在先秦的历史中，我们的祖先创造了光辉灿烂的历史文明"作为储存单位，那么目标句与例 4-2-2A 具有较高的匹配度，在搜索匹配过程中得到重复使用的可能性增加，且需要修改的部分较少。相反，如果采用例 4-2 为储存形式，目标语与例 4-2 之间的匹配率大幅降低，被检索和使用的可能性下降。

例 4-2

记忆库中原文储存形式

在先秦的历史中，我们的祖先创造了光辉灿烂的历史文明，这一时期的孔子、孟子和其他诸子百家，开创了中国历史上第一次文化学术的繁荣。

A. 在先秦的历史中，我们的祖先创造了光辉灿烂的历史文明。

B. 这一时期的孔子、孟子和其他诸子百家，开创了中国历史上第一次文化学术的繁荣。

目标句

（1）在长达 1800 多年的历史中，中国的祖先创造了光辉灿烂的历史文明。

此外，翻译片段不仅应独立于语境，还应该在语义上相对完整，是能够独立使用的最小单位。再次考虑例 4-2 中原文储存形式，其中的"先秦的历史"、"光辉灿烂的历史文明"都可以独立于语境存在，可以作为多词表达形式存在，然而两者在语义上都不够完整，如果作为翻译记忆库中的储存单位，将大幅增加语料库规模，增加翻译的操作步骤。罗选民（1992）论述了小句作为翻译转换单位，一方面具有相对的语境独立性，另一方面在语义上又相对完整，采用小句作为翻译转换单位，有其可行性。然而由于小句缺乏形式特征，在大规模平行语料库中建立基于小句的对齐关系，仍然是一个棘手的课题。

（二）句子边界

由于自然语言中句子是基本的应用单位，且形式特征较为明显，故许多翻译记忆库都以句子作为语段的基本单位。然而，即便是句子边界的自动判断也并非易事（Bowker，2002：94）。在英语语言中，并不是所有的句子都会以". ?!"作为句子结尾。事实上还存在多种因素，如：

（1）标题（章节标题、图标标题）；

（2）列表内容；

（3）直接引语。

另一个方面,以".?!"结尾的并不都是句子结尾,如:

(1)Abbreviations such as Mr. , Dr. , etc. , 等;

(2)省略号;

(3)序号。

中文也存在类似的问题。由此,如何判断句子结尾本身就是一个值得探索和研究的问题。在自然语言处理中,这个问题被称为"句子边界判断(Sentence Boundary Detection)"。一种简单的基于规则的句子边界判断规则①可以简单规定如下:

顺序读取字串,如果该字串字符为句号,考虑如下的可能操作:

(1)如果之前的字串确定为缩略词,则不判断为句子结尾。

(2)如果下一个字串首字母大写,则判断为句子结尾。

(3)其他情况,判断为句子结尾。

这种方法虽然简单,但是在英文中可以达到95%的准确率。除上述方法之外,也可以应用各种机器学习方法。例如,NLTK 使用了"Punkt Sentence Tokenizer"作为句子边界判断。代码演示如下:

```
>>> import nltk. data
>>> text = "Punkt knows that the periods in Mr. Smith and Johann S. Back do not mark
sentence boundaries. And sometimes sentences can start with non-capitalized words. "
>>> sent_detect = nltk. data. load("tokenizers/punkt/english. pickle")
>>> print" \ n    \ n". join( sent_detector. tokenize(text) )
```

在 SDL Trados Studio 2015 中构建翻译项目时,如需修改源语语段切分规则,则需要借助于翻译记忆库(如果使用了多个翻译记忆库,则选择第一个翻译记忆库),通过修改翻译记忆库的语段边界划分规则达到目的。在 SDL Trados Studio 中,每一个翻译记忆库的"语言属性"都携带了句子边界划分规则。边界划分规则由一系列正则表达式

---

① https://en. wikipedia. org/wiki/Sentence_boundary_disambiguation

构成。这些表达式规定了构成句子边界的字符串特征。图4-8是SDL Trados Studio中默认的英语断句规则集合中的一个规则。该规则给出了"句号"的断句规则。断句规则包括分隔符前和分割符后两个部分，分割符前(包括分隔符)的表达式为"\.+[\p{Pe}\p{Pf}\p(Ogden等)""-[\u002c..."，表示在分隔符(句点.)之后还有结束括号"\p{Pe}"、或者一个结束引号"\p{Pf}"、或者不是问号、破折号、结束括号以及下画线的标点符号"\p(Ogden等)"，而不能是逗号"\u002c"、冒号"\u003A"等，分割符后为"\s"，即空白字符。这一断句规则可以准确划分以下的句子：

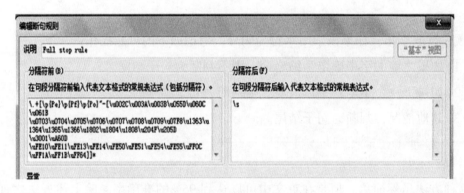

图4-8 SDL Trados断句规则示例

例 4-3 （a）… for the change of association strength in language change（Hilpert，2007）.

（b）"Take it."

（c）（Please use a searching engine for the purpose.）

除上述规则外，SDL Trados Studio中默认的英语规则还有针对问号(?)和感叹号(!)的断句规则。系统在断句时，这些规则按顺序依次执行。SDL Trados Studio也为其他语言(如中文)提供了默认的断句规则。用户也可以依据具体文本需求，修改或者添加新的断句规则。添加的断句规则应包含两个部分：分割符前表达式和分割符后表达式，两个表达式都是多词表达式。

演示视频4-4(SDL Trados Studio中记忆库断句规则的设置)演示了在SDL Trados Studio 2015中修改断句规则的过程。

通过设置断句规则，可以改变翻译项目中句段切分的结果，进而改变在翻译记忆库中匹配的结果。由此，在设置断句规则时，需尽量保持翻译记忆库和待翻译文本在断句规则方面的一致性，从而在语段抽取时获得最高的匹配率。这也要求在使用WinAlign时所设置的断句规则应与在使用SDL Trados时使用的断句规则保持一致。

第四节　翻译记忆库的组织与维护

翻译记忆库的组织、维护也是影响其有效使用的因素。在翻译记忆库的组织、维护中，需要处理好翻译记忆库的规模与领域一致性、提取速度以及提取质量之间的关系。一般而言，翻译记忆库的规模越大，其潜在应用价值也就越高。然而，当记忆库的规模增大时，在翻译记忆库的组织和维护方面也需要更多的关注。

从宏观上讲，翻译记忆库的组织和维护应遵循一致性原则。用于组织和管理翻译记忆库的维度很多，可以按照专业领域进行管理，也可按照客户对象进行管理，或者按照翻译内容进行管理。然而无论是采用哪一个维度进行管理，都应尽量保证同一翻译记忆库中翻译内容在术语应用、翻译风格等方面的一致性。这样才能在翻译时，能够依据具体语境要求提供高质量的译文，减少编辑时间。因此，这要求分散管理翻译记忆库，以便于有针对性地选择和应用翻译记忆库。

然而一致性原则也可能造成翻译记忆库过于分散，因此也往往需要考虑翻译记忆库的合并。使用合并后规模较大的翻译记忆库，可以获取更多的匹配结果，但同时也可能与一致性原则产生冲突，降低翻译记忆库提取的质量，增加翻译过程中的操作。例如 Walker（2014b：26）举例说明在微软和苹果对于"Folder"一词在不同版本中其对应的波兰语翻译会存在不同。因此，如果将所有的相关翻译记忆库保存在同一文件中，可能会引起混乱。与此同时，翻译记忆库的规模越大，进行搜索所需的时间越长，如果搜索时间过长，其应用效率将受到影响。

一致性管理原则和记忆库合并之间的矛盾并不是不可调和的。采用翻译记忆库管理系统中"同时加载多个翻译记忆库"可以实现动态合并（Walker，2014a：25）。例如，在应用 SDL TRADOS 进行翻译时，可以同时加载多个翻译记忆库。应用这一机制，一方面可以保证单个翻译记忆库在翻译方面的一致性，避免对翻译记忆库进行过度合并。另一方面可以同时检索多个翻译记忆库以获得更多匹配，增加翻译记忆库的使用效率。与此同时，在使用时可以根据需要确定应该对哪一个翻译记忆库进行更新，从而解决一致性和记忆库合并之间的矛盾。

第五节　翻译记忆库应用的优势和劣势

任何一种工具都有优势和劣势，翻译记忆库也不例外。翻译记忆库的应用效率受制于数据库的规模和质量。如果翻译记忆库是空的，或者翻译记忆库中所包含的译文文本质量不高，这样的翻译记忆库的应用价值就很小(Bowker，2002，p. 115)。在翻译记忆库的规模和质量都有保障的情况下，翻译记忆库在翻译效率和翻译质量上都能体现出一定的优势。

一、翻译效率方面的优势与劣势

借助翻译记忆库中保存的原文、译文以及搜索技术，一方面有利于帮助翻译人员避免重复的翻译劳动，另一方面也有利于利用现有资源，提供初步的翻译结果供翻译人员编辑、修改，从而达到提高翻译效率的目的。在以下情况下，应用翻译记忆库有利于提高翻译效率：

(1)科技专著、科技文献、产品说明书、用户手册、产品的帮助文件、联合国文件等篇幅较长、语言重复较多文本的翻译。

(2)对已有翻译文本的修改、完善、更新。

(3)多人、不同时间、不同空间的合作翻译。

(4)多语种产品本地化以及产品的同步发布。

然而，这种优势的获得是建立在翻译人员自身能力提高的基础之上的。翻译记忆库的应用基于文本相似性技术。因此，对翻译记忆库的有效利用，需要深入理解这一技术的基本原理，这使得学习使用翻译记忆库的学习曲线较为陡峭，不易掌握。

二、翻译质量上的优势与劣势

利用翻译记忆库进行翻译所获得翻译质量依赖于翻译记忆库中译文的质量。因此，在使用翻译记忆库的过程中，翻译人员应确认译文的正确性。否则，翻译记忆库的应用会干扰翻译质量控制。

利用翻译记忆库在质量上的一个优势是保证翻译的一致性(Bowker，2002：117)。当译员在翻译较长文档时需要保证译文的一致性。这尤其是译员在接收到结果修改和更新的文档时，翻译记忆库能够有效地提高效率，同时保证译文的一致性。此外，当多个译员同时翻译同一文档时，通过共享同一翻译记忆库，可以有助于保证不同译员之间的翻译的一致性。

但是，利用翻译记忆库也可能导致译文在文本连贯性方面的缺陷。这是因为译员在计算机辅助翻译环境中常常是以句子为单位进行翻译的。因此，他们的译文也往往以句子为单位，与此同时，译员为提高翻译的可重复性，也往往会在一些地方避免使用代词，从而出现了所谓的"peephole translation"，这是在应用翻译记忆库中需要避免的现象(Bowker，2002：117)。

　　此外，翻译记忆库的局限性还体现在可行性方面。翻译记忆库的有效应用，是建立在对已翻译文本的有效利用基础之上的。由此，在重复率很高的文体中，这种方法的作用能够得到最大程度的发挥。而对于那些文本重复率很低的文体，这种方法则无能为力。

第五章　翻译质量保证

翻译质量保证和翻译质量管理都与质量相关，却是两个不同概念，前者讨论基于计算机辅助的翻译质量检查工具，后者讨论翻译质量管理的标准、类型以及翻译质量计算方法。

第一节　翻译质量保证

翻译质量的重要性不言而喻。翻译事故以及对翻译质量的批评常见于各类媒体。对于翻译企业而言，翻译质量更是上升到事关企业生存的高度。因此，翻译质量一直是翻译界讨论的热点话题。

学术界对翻译质量讨论的传统话题是翻译标准。翻译标准是翻译活动所必须遵行的准绳，是衡量译文的尺度，也是译者在翻译文践中要不断达到的目标。翻译标准可以简单概括为四个字："忠实、通顺。"严复提出的翻译标准为"信、达、雅"；美国奈达(Eugene A. Nida)主张把翻译的重点放在译文读者的反应上，即比较译文读者对译文的反应和原文读者对原文的反应。翻译的实质就是再现信息。因此，衡量翻译质量的标准，不仅仅在于所译的词语能否被理解，句子是否合乎语法规范，而且还在于整个译文使读者产生什么样的反应(谭载喜，1991)。

与翻译标准一样，翻译质量保证(Translation Quality Assurance)也讨论翻译质量，然而两者在多个方面存在不同。首先，翻译标准主要关注哪一种类型的翻译是最理想的翻译，以理论完备性为导向。例如，严复认为"信、达、雅"是最为理想的翻译。而翻译质量保证则以"满足明确和隐含需求"为目标，以完成翻译任务为导向。这一目标既可以包含最理想的翻译结果，也可以是其他对翻译质量明确提出的要求。Hutchins(2005)将翻译质量要求划分为宣传型(Dissemination)、接受型(Assimilation)、交互型(Interchange)和数据获取(Database Access)四个水平。对于翻译质量保证而言，其最终质量管理目标以客户对翻译结果的质量要求为准则，而不是某一种理想翻译标准。

其次，实施主体和实施方法有所不同。翻译标准的实施主体主要是译员，通过运用相关翻译技巧如直译、意译、归化、异化等手段使翻译文本符合理想翻译标准。翻译质量保证是翻译项目管理的主要目标之一，其主体是管理者。管理者从全局角度，采用全过程控制和管理实施翻译质量保证，在过程中综合应用专业技术手段、管理手段以及数理统计手段；建立起一套科学、严密、高效的质量保证体系，从而在翻译生产中控制影响翻译质量的因素，保证翻译产品的质量。

在计算机辅助翻译中，组成翻译质量保证的主要有两个部分：译后编辑和翻译质量管理体系。译后编辑主要是应用翻译质量检测工具，搜查找、搜索、定位、检查、修改译文中存在的格式、术语一致性等翻译质量问题。与翻译标准不同，翻译质量保证则是在社会需求推动下，翻译企业通过集合专业技术、管理技术和数理统计技术，翻译质量管理体系则提出了对翻译质量进行量化分析的步骤、权重设置以及计算方法等。

第二节　译后编辑与翻译质量检测工具

一、译后编辑的原则

译后编辑是翻译质量保证的重要环节。为此，TAUS(Translation Automaton User Society)提出在翻译后编辑阶段应遵循如下的原则(Declercq，2015；TAUS，2016)：

(1)译后编辑的目标是提供语法正确、句法结构准确、语义准确的译文。

(2)检查关键术语翻译的准确性，避免译文中出现客户规定不能出现的词语。

(3)检查是否存在信息添加或遗漏。

(4)检查是否出现攻击性内容、不恰当内容或者在文化上不可接受的内容。

(5)检查是否存在拼写错误、标点符号错误，检查连字符号是否使用恰当。

(6)检查文档格式是否正确。

分析上述原则，可以确定在译后编辑环节处理的翻译差错类型主要有三种类型：目标语言差错、目标文化差错和一致性差错。目标语言差错是指译文是否符合目标语言的语法规范、句法规范以及语义规范。Makoushina(2007)将这一类差错称为语言差错(linguistic errors)，包括译文中存在的句法结构错误、拼写错误、标点符号错误等。TAUS 后编辑原则中的(1)、(5)涉及这一类差错。这类差错需要目标语言的相关知识才能正确判断和定位。

目标文化差错是指译文是否符合目标文化规范，TAUS 中的第(4)项涉及这一类差错。这一类差错虽然不多，但是对于译文质量至关重要。

一致性差错是指译文相对于原文存在形式、句法和语义上的不一致性。这类差错的判断标准不是译文是否满足目标语言相关规则，而是译文在格式、标点符号、术语使用等方面是否与原文保持一致获得。上述原则中的(2)、(3)、(5)、(6)都涉及这一类型的差错。原则上，译文须与原文在格式上基本一致，术语的翻译应与原文保持一致，不能存在信息添加或信息遗漏，标点符号应与原文保持一致，格式也应与原文保持一致。

二、翻译质量检测工具

当前计算机辅助翻译工具(如 SDL Trados Studio 2015 等)能够协助处理的主要是一致性差错，而不能处理语言差错和目标文化差错。应用翻译质量检测工具可以协助译员在译后编辑过程中自动查找和定位译文可能存在的一致性差错。值得注意的是，不同检测工具的智能化水平不同，其可能侦测到的差错类型也不同。附录Ⅲ给出了 Makoushina(2007)在 2007 年开展的翻译质量检测工具调查结果。较为流行的翻译质量检测工具有 Déjà Vu，SDLX QA Check，Star Transit，Trados QA Checker，Wordfast，ErrorSpy，QA Distiller 以及 Xbench 等。其中 Star Transit 是较早的 QA 工具，在 1998 年就已经开始提供格式、术语和拼写方面的辅助检查。依据 Makoushina(2007)的统计，当前市场占有率相对较多的是 Trados、SDLX 和 QA Distiller。从格式支持看，Xbench 提供的格式支持最为丰富。

各种工具所支持的功能包括句段层面的检查、不一致性检查、标点符号检查、数字检查、术语检查以及标记检查几个方面。可以看出，这些功能大多与一致性差错有关，较少涉及目标语言差错和目标文化差错。近几年来，随着翻译市场的不断扩大，自然语言处理相关技术发展也比较快，翻译质量检测工具的智能化水平也有了较快的发展，能够处理目标语言差错和目标文化差错的功能也在逐步整合到翻译质量检测工具之中。

三、Trados Studio 2015 的翻译质量验证工具

Trados Studio 2015 提供了三种类型的质量检测工具：QA Checker 3.0，标记验证和术语验证器(见图 5-1)。Declercq(2015)将 Trados Studio 2015 所提供的验证工具与 TAUS 所提出的译后编辑原则进行了对比，对比结果如表 5-1 所示。可以看出，TAUS

所提出的 6 条原则中，有 4 条在 Trados Studio 2015 的验证功能中得到体现。

图 5-1　SDL Trados 2015 验证工具

表 5-1　　　　　　　**TAUS 译后编辑原则与 SDL Trados 2015 验证功能**

译后编辑原则	SDL Trados 2015 验证功能
检查是否存在信息添加或遗漏	QA Checker 3.0 句段检查功能 　漏译、空译 　译文句段与原文句段相同 　译文句段长于(或短于)原文的×% 　不需要翻译的句段
检查是否存在拼写错误、标点符号错误，检查连字符号是否使用恰当	QA Checker 3.0 不一致性检查(译文中的重复词语，没有编辑过的模糊匹配结果) QA Checker 3.0 标点符号检查 QA Checker 3.0 数字、时间、日期、度量衡格式检查
检查关键术语翻译准确、避免译文中出现客户规定不能出现的词语	QA Checker 3.0 词表检查 QA Checker 3.0 正则表达式检查 术语验证器
检查文档格式是否正确	标记验证器

(一) QA Checker 3.0

如图 5-1 所示，QA Checker 3.0 是 SDL Trados 进行翻译质量检查的主要套件，提供了句段的完整性、不同句段翻译的一致性、标点符号和数字使用的准确性、商标使用的准确性等方面的验证与检查。此外，QA Checker 还提供了词表和正则表达式进行验证的功能，为用户灵活设置提供了广阔空间。

使用句段完整性验证，可以帮助用户定位译文中存在的漏(空)译的句段，也可通过比较原文和译文的长度判断是否存在翻译不完整的现象。例如，在句段验证时将相关选项设置如图 5-2 所示，在执行验证后会得到如图 5-3 所示的检测结果。

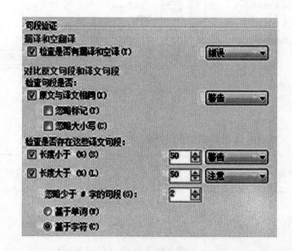

图 5-2　句段完整性验证

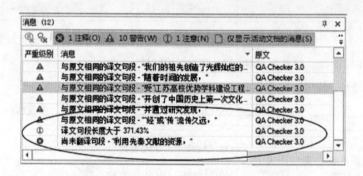

图 5-3　句段验证示例

QA Checker 提供了直接查找和定位错误的功能。在图 5-3 中，用户点击任一行结果，可直接定位到出现差错的句段。演示视频 5-1(QA Checker 3.0 功能设置演示)和视频 5-2(QA Checker 3.0 翻译差错定位)演示了具体操作流程。

QA Checker 的另一个重要功能是对译文不一致内容的检查。包括相同原文句段存在不同的译文、译文中出现重复词语，以及在应用翻译记忆库模糊匹配时没有对记忆库应用结果进行编辑的句段检查等。这三项功能检查对规模较大翻译项目的质量保证是非常重要的，因为多人协同翻译中会存在同一原文出现多个译文版本的现象，重复词语也是键盘键入时常出现的错误。

　　QA Checker 提供了标点符号检查、数字翻译格式检查以及商标检查。在标点符号方面，QA Checker 检查标点符号的一致性，多余空格、多余圆点、首字符大小写是否符合规范、括号是否一致以及数字、时间、日期和度量单位是否符合目标语要求等方面的检查。

　　此外，QA Checker 还为高级用户提供了可自我定制的搜索定位功能：通过单词列表进行检查和通过正则表达式进行检查。知晓和熟练运用这些功能有助于快速提高质量检查的效率。以通过单词列表进行检查为例，假设原文中的"先秦"的正确译文为"Pre-Qin"，而译员的可能版本有"pre-Qin"、"pre-Qing"、"pre_Qin"等多种翻译版本，则可以通过单词列表功能进行如图 5-4 的设置，然后运行质量保证就可以定位到所有的上述错误并予以更正。

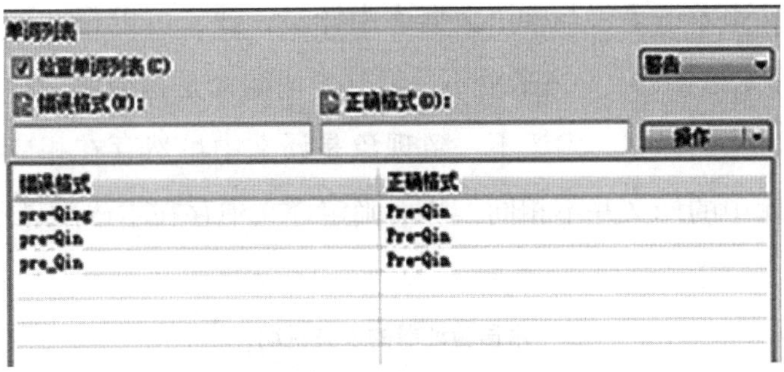

图 5-4　单词列表功能演示

　　类似地，应用正则表达式也可以完成多个方面的质量检查。例如，利用图 5-5 所示正则表达式可以完成重复单词的检查。QA Checker 对正则表达式的支持，使得质量检查功能得到大幅增加。只要一种错误现象能够通过正则表达式描述出来，那么就可以在 QA Checker 中得到定位和纠正。视频 5-3(QA Checker 3.0 中正则表达式的使用)演示了在 QA Checker 3.0 中正则表达式的使用。

(二)术语验证器

　　SDL Trados Studio 提供了如图 5-6 所示的术语检查器，用以检查译文中的术语是否

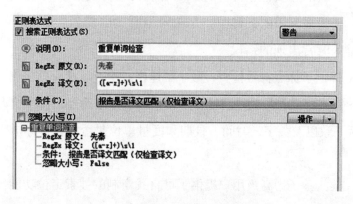

图 5-5　应用正则表达式进行重复单词检查

与术语数据库中所提供的译文一致，或者验证是否使用了在术语库中标记为禁用的译文术语。视频 5-4(术语验证器的使用)演示了术语验证器的使用方法。值得注意的是，术语验证器使用的前提是已经为翻译项目指定术语数据库。如果没有指定术语数据库，术语验证器是无法使用的。术语验证器的设置说明见表 5-2。

　　通过检测译文中术语是否与术语数据库中译文一致，可以帮助解决两种术语翻译方面的差错：(1)术语漏译；(2)术语不一致。术语漏译是指原文中存在某一术语而译文中无法找到该术语的译文。术语不一致现象是译文中虽然存在相应的译文，然而由于该译文与数据库中的译文并不相同，从而确定译文中存在术语翻译不一致。

表 5-2　　　　　　　　　　　　　　　术语验证器的设置说明

设　置	设　置　说　明
术语库名称	术语验证器的运行以术语库为基础。因此，须首先设置术语库。可以在术语库页面指定默认的术语库
检查可能未使用的译文术语	选择此选项可检查原文句段中是否有已知术语。在找到术语时，检查相应的译文句段，以确保使用了正确的术语译文(来自术语库)
检查可能已设置为禁用的术语	选择此选项可检查您是否未使用此术语库明确禁止的任何术语。有关某术语是否被禁用的信息来自于术语库自身

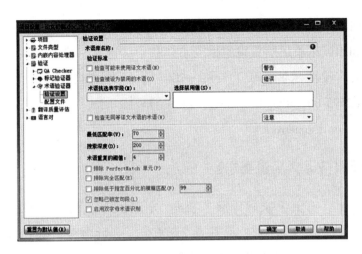

图 5-6　SDL Trados 中的术语验证器

(三)标记验证

使用标记验证设置的目的是确保已翻译文档中的标记与源文档中的标记相匹配。因为大部分标记与文档的格式相关，因此，保持标记的一致性是为了保证已翻译文档与源文档在格式上保持一致。为此，标记检验会检查已翻译文档中的标记是否已经被删除或者移动。具体而言，应用标记验证可以进行如下检查：

(1)译文文档是否包含比源文文档更多的标记。

(2)译文文档是否包含比源文文档更少的标记。

(3)译文文档中的标记顺序与源文档中的标记顺序是否不同。

(4)译文文档中是否存在幽灵标记。

(5)标记周围的空格是否已在译文文档中改变。

默认情况下，标记验证功能处于启动状态，以确保 SDL Trados Studio 始终检查标记问题。取消检查设置中的所有选项即可禁用标记验证。

第三节　翻译质量管理体系

翻译质量管理体系是应市场管理的需求而出现的。在翻译需求快速增长的过程中，翻译企业也随之快速增加，翻译从业人员迅猛增长，由此，翻译服务市场需要进行统一规范，从而能够提供规范化翻译服务。从管理角度上讲，规范化的服务要求建立规范化的、可量化的翻译质量衡量标准，在标准化、量化基础上实现对翻译质量的有效控制。

当前在国内和国外都有较为完善的质量管理体系。国内比较有代表性的是 2005 年由中华人民共和国国家质量监督检验检疫总局和中国国家标准管理委员会共同发布的《翻译服务译文质量要求》（GB/T19682—2005），国外主要的翻译服务标准有 SAE J2450，ASTM F2575-06，ISO/TS 11669，LISA QA Model 以及 TAUS 的动态评价框架（Dynamic Evaluation Framework）等。

一、《翻译服务译文质量要求》

在中国市场上，有上千家翻译服务机构（全国以专业翻译注册的各类翻译企业有 3000 多家）（张南军、顾小放、张晶晶，2008）。如此数量庞大、经营主体多元化的新兴市场，必然需要加以规范。《翻译服务译文质量要求》（简称为《要求》）作为翻译服务国家标准，开启了中国翻译服务标准化的进程。这些标准填补了中国翻译服务行业的法规空白，对于规范中国翻译服务行业管理，促进翻译和服务质量的提高，维护顾客的合法权益，具有积极的现实意义和深远的历史意义；同时对于建立完善中国翻译服务标准体系，促进翻译服务行业的健康发展，提升中国翻译服务行业的国际影响和竞争力具有积极的促进作用。

《要求》从宏观和微观两个角度确定了翻译质量衡量标准。《要求》认为，译文应做到三个基本要求：（1）忠实于原文。要求译文能够完整、准确地表达原文信息，没有核心语义差错。与原文在信息方面的一致性是忠实于原文最重要的方面。（2）术语统一。术语统一存在两个方面，一个方面是术语的使用应该与目标语言的行业、专业通用标准或习惯相统一，另一方面是同一翻译文本内部，术语翻译前后应该保持一致。（3）行文通顺，要求译文应符合目标语言文字规范和表达习惯，行文清晰易懂。除此之外，《要求》对译文中数字表达、专用名词、计量单位、符号、缩写词、译文编排、新词以及特殊文体等方面提出了具体的要求，以体现其可操作性。

此外，《要求》确定了译文质量的量化评定方法。译文质量通过"译文质量综合差错率"予以确定，不同差错率即表示不同的翻译质量，一般情况下，译文差错率不应超过 1.5‰。在国际标准上，一般将质量合格标准设定为 3‰左右（王华伟、王华数，2012：115）。在计算综合差错率时，首先采用抽检（万字以上的批量译稿 10%~30%）或者全部检查的方式确定待检译文，获取第Ⅰ、Ⅱ、Ⅲ和Ⅳ类错误的数量，然后通过如下公式计算差错率：

$$综合差错率 = KC_A \times \frac{C_I D_I + C_{II} D_{II} + C_{III} D_{III} + C_{IV} D_{IV}}{W} \times 100\%$$

上述公式中各参数分别代表差错率关联因素，各参数解释见表5-3。

表5-3　　　　　　　　　　综合差错率计算公式中各参数名称及解释

参数符号	名　称	解　　释
K	综合难度系数	通过考察原文在风格、主题、专业及翻译时限等方面的特征确定，建议取值在 0.5~1.0
C_A	译文使用目的系数	译文使用目的分为4类。类1为正式文件、法律文书或出版文稿，建议取值为1。类2为一般文件和材料，建议取值为0.75。类3为参考资料，建议取值为0.5。类4为内容概要，取值为0.25
D_I, D_{II}, D_{III}, D_{IV}	I、II、III、IV类差错出现的次数	译文的差错分为四种类型： 第 I 类：对原文理解和译文表述存在核心语义差错或关键字词(数字)、句段漏译、错译。所谓核心语义差错，是指那些能够直接影响到顾客对译文的准确使用甚至造成严重后果的差错，主要包括关键句段错误和关键字词错误 第 II 类：一般语义差错，非关键字词(数字)、句段漏译、错译，译文表述存在用词、语法错误或表述含混 第 III 类：专业术语不准确、不统一、不符合标准或惯例，或专用名词错译 第 IV 类：计量单位、符号、缩略语等未按规(约)定译法
C_I, C_{II}, C_{III}, C_{IV}	I、II、III、IV类差错的系数	建议取值为 $C_I=3$，$C_{II}=1$，$C_{III}=0.5$，$C_{IV}=0.25$
W	抽检总字数	

一般而言，错误按出现的个数计算。但同一种错误只计算为一个错误。所谓同一种错误，是指简单重复的错误，其原因和表现形式都十分相似，如同一词的拼写错误。

二、国外主要翻译服务标准

王华树等(2015)对国外几种翻译质量标准进行了介绍。美国材料与试验协会(American Society for Testing and Materials)分别制定了《笔译质量标准指南》(ASTM F2575-06)和《口译服务标准指南》(ASTM F2089-01)[①]；欧洲标准化委员会(European Committee for Standardization)制定了 EN15038 标准，这一标准是目前大多数欧洲国家语

① http：//www.atanet.org/bin/view.pl/12438.html

言服务行业的执行准则，也是世界首部国际性的、以规范翻译服务提供商服务质量的准则，为翻译服务质量判定和翻译产品交付提供了可靠的评估方法；加拿大标准总署制定了 CAN CGSB-131.10-2008，于 2008 年 9 月发布实施，规定了翻译服务提供方在提供翻译服务过程中应遵循的规范，该标准是在欧洲翻译服务标准 EN15038 的基础上，结合加拿大具体情况修订而成；《翻译项目——通用指南》(ISO/TS 11669) 是由国际标准化组织第 37 届技术委员会于 2012 年 5 月颁布的一项翻译指导框架，也是首部针对翻译行业的全球性标准；LISA QA Model① 是由本地化行业标准协会于 1995 年发行的本地化翻译质量模型，目前已更新至 3.1 版本。本地化行业标准协会联合本协会成员、本地化服务提供商、软硬件开发企业和最终用户，根据参与企业的最佳实践和建议，通过基础统计模型，最终推出了建立在标准数据库框架上的 LISA 质量保证模型。

本章对《翻译质量量度》(简称为《量度》) 进行详细的介绍。《量度》由 SAE International 提出。本文的讨论基于其 2001 年 12 月发行的版本，该版本原用于汽车服务行业的翻译信息服务。该标准于 2002 年正式实施，现已更新至 2005 年版。SAE J2450 标准是第一个用于评价大规模翻译任务的标准体系，尽管设计之初，此标准是针对汽车行业的，但后来经过修改也可适用于生命科学、制造业等其他行业。

表 5-4 为 SAE《量度》翻译度量分数表。《度量》确定了 7 种基本差错类型：术语差错，语法差错，省略，词语结构和一致性差错，拼写错误，标点符号错误以及其他类型错误。每一种错误又区分为两种类型，即严重差错和非严重差错。因此，对于译文中出现的错误，需首先将其归类为上述 7 种错误之一，然后还需依据这一错误的严重程度，将其归类为严重错误和不严重错误。作为考察错误严重性的一般原则，如果一个错误可能导致译文在使用时会产生严重的错误或者误解，那么就是严重的错误，反之就是不严重错误。与此同时，《度量》还给出了错误评估时的两条原则：(1) 如果差错类型不明确，就选择最早确定的基本原则。例如，如果不确定是术语错误还是语法错误，选择术语错误作为差错类型。(2) 如果不确定差错是"严重差错"还是"非严重差错"，选择"严重差错"类型。从表(2) 中可以看出，差错类型不同，差错的严重程度不同，其在整个度量中的权重也是不同的。与《要求》比较可以看出，《度量》并没有考察原文本的难度和文本翻译目的。这是因为《度量》的应用领域和应用目的都是相对确定的。其应用领域为汽车行业，对译文质量要求都比较严格。

---

① http：//www.lisa.org/LISA-QA-Model-3-1.124.0.html

表 5-4   **SAE J2450 翻译度量分数表**
                              SAE J2450 Translation Metric Score Sneet

Error Type	Num * Serious	Num * Minor	Category Weighted Score
Wrong Term Score WT	_____ * 5	+ _____ * 2	= _____
Syntactic Error Score SE	_____ * 4	+ _____ * 2	= _____
Omission Score OM	_____ * 4	+ _____ * 2	= _____
Word Structure / Agreement Score SA	_____ * 4	+ _____ * 2	= _____
Misspelling Score SP	_____ * 3	+ _____ * 1	= _____
Punctuation Error Score PE	_____ * 2	+ _____ * 1	= _____
Miscellaneous Error Score ME	_____ * 3	+ _____ * 1	= _____

Document Score：（sum of weighted scores + number of words in source language document）

_____ + _____ + _____ + _____ + _____ + _____ + _____ = _____ Sum of Weighted Scores

_____ Sum of Weighted Scores + _____ Number of Words in Source Text =

_____ *Overall Document Weighted Score*

三、动态质量框架

由 TAUS（Translation Automation User Society）在 2011 年发起推动的动态质量框架（Dynamic Quality Framework，DQF）（O'Brien，Choudhury，Meer，Monasterio，2011）近年来受到广泛关注。动态质量框架旨在提出标准化的翻译质量评价模型，其基本思想是：译文的内容、目的及其交际语境在不断变化，用于评价译文质量的评价方式也应随之变化，翻译质量的评价应考虑到译文的内容、译文的使用目的以及译文的交际对象（Görög，2014）。

为此，DQF 提供了一般性的框架，用于在质量评价中依据具体的质量要求选择最合适的翻译质量评价模型和度量方法。具体而言，DQF 可表述为如下的函数式：

$$DQF(CommChannel，UTS)= QE$$

其中 CommChannel 为交际通道，UTF 表示三个参数：应用（Utility）、时间（Time）以及情态（Sentiment），QE 为质量评价模型。该函数表示，DQF 依据交际通道类型、应用、时间以及情态三个参数的值，选择一种由多种控制构成的质量评测模型。

在 DQF 中，交际通道包括常规交际通道（Regulatory Channel）、内部通道（Internal Channel）以及外部通道（External Channel）。常规交际通道包括在医疗场合进行的交际，其有特定的质量要求。内部通道是指在公司内部进行的交际（如内部训练材料）。外部通道又可区分为三种类型：企业到客户（B2C）、企业到企业（B2B）以及客户到客户（C2C）。不同交际通道意味着不同的交际目标群体，因而对译文的质量提出不同的要求。例如，如果交际通道为常规交际通道，其译文质量要求是相对固定的，而在 B2C 交际通道对译文的质量要求要比 B2B 或者 C2C 严格。

UTF 所表示的三个参数是对文档内容的描述。DQF 首先将文档区分为八种类型：用户界面文本（User Interface Text）、市场销售材料（Marketing Material）、用户文档（User Document）、网站内容（Website Content）、在线帮助文档（Online Help）、视音频内容（Audio/Video Content）、社交媒体内容（Social Media Content）、培训材料（Training Material），然后依据在多个合作公司的调查结果，获取了不同类型文档在应用、时间和情感三个参数上的权重分布情况。如图 5-7、图 5-8、图 5-9 所示。

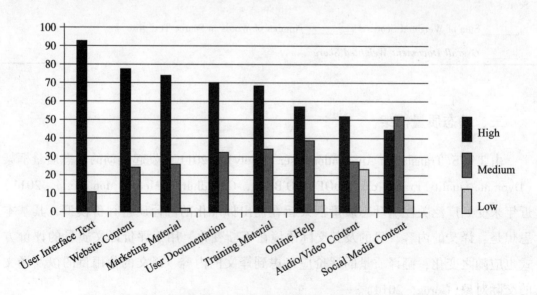

图 5-7　应用（Utility）在八种文档类型中的重要性分布（O'Brien 等，2011）

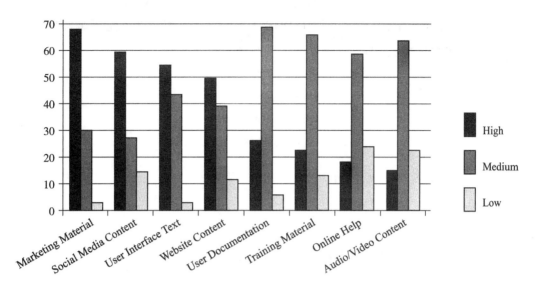

图 5-8　时间(Time)在八种文档类型中的重要性分布(O'Brien 等，2011)

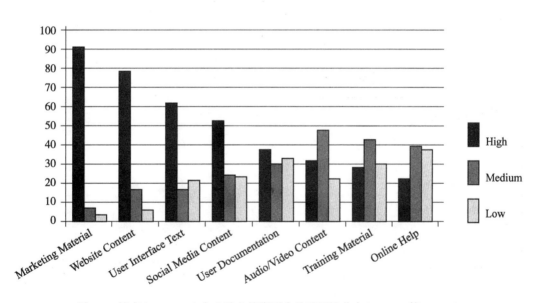

图 5-9　情态(Sentiment)在八种文档类型中的重要性分布(O'Brien 等，2011)

依据交际通道类型和 UTS 重要性参数，DQF 分别给出了不同的质量评价模型。例如，对于常规交际通道，如果 UTS 的重要性参数分别为：U＝非常重要、T＝中等重要、S＝不重要，那么其评价模型由如下控制方式依序构成：(1)符合常规通道要求的一致性评价；(2)可用性评价；(3)错误类型评价。如果交际通道为 B2C，UTF 的重要性参数为：U＝中等重要、T＝非常重要、S＝不重要，那么其评价模型由如下控制方式依序构成：错误类型评价、合适程度及流利程度评价，基于社区的评价。

　　在上述理论框架下，TAUS 开发了 DQF 工具套装①，用户在确定了翻译项目的类型、上载翻译文件之后，即可获得自动生成的译文质量报告。

---

① 注册用户可通过如下链接下载：https：//evaluate. taus. net/evaluate/dqf-tools。

第六章　软件交互界面的翻译

　　软件交互界面翻译是本地化过程的重要环节，一般包括对话框、菜单以及字符串的翻译，在翻译过程中应尊重行业规范和标准、保持译文的一致性和内在的统一性。

　　软件交互界面翻译是本地化过程的一个非常重要的基础性环节。理论上，软件交互界面的翻译是计算机辅助翻译技术的自然延伸。然而从历史发展的角度看，计算机辅助翻译的发展和流行并不是翻译研究或计算机技术发展的结果，而是本地化企业在本地化业务和市场快速发展和扩张的形势下提出并逐步完善的结果。因此，学习、了解软件界面的翻译有助于形成对本地化的初步认识，也有助于深入了解计算机辅助翻译技术及其应用。

第一节　本地化与翻译

　　本地化是随着经济全球化进程的推进而兴起的信息技术的新兴产业。本地化企业标准协会(Localization Industry Standards Association)将本地化定义为对产品及其相关服务进行改造从而使该产品或服务在语言和文化方面都适合在目标区域或目标国家进行销售的生产活动。

　　国际上软件本地化行业兴起于 20 世纪 80 年代初期，IBM(国际商用机器公司)等跨国公司的软件产品在多个国家的销售促进了本地化行业的兴起。在 80 年代初期，本地化需求的规模不大，软件生产厂商在本地化方面主要采取两种方法：内部制作和外包。然而随着本地化项目的规模不断扩大，复杂度不断增加，采用外包形式管理本地化工程的现象越来越多。到了 80 年代中期，出现了一些多语言供应商(Multi-Language Vendors，缩写为 MLV)，如 INK(也就是现在的 LionBridge)，IDOC(现在的 Bowne)以及 Berlitz 等。

到了 90 年代初期，通过 MLV 外包形式成为软件产品本地化的主要形式。MLV 形式其实也意味着专业化程度的提高。多语言提供商（MLV）提供目标语以及语言相关的服务，这些提供商是一些在语言和技术两个方面都非常专业化的机构，能够提供专业化的服务。到 90 年代中期，小型的 MLV 出现了并购、融合和全球化的趋势，并形成了几个大的本地化专门公司，如 Lermout & Hauspie，ALPNET，Lionbridge 以及 Berlitz GlobalNET 等。此外，在爱尔兰，由于政府的免税政策、爱尔兰的地理区域和语言优势、人力成本优势等，许多大型软件企业，包括 Microsoft，ORACLE，Lotus Development，Visio International，Sun Microsystems 等都将本地化的机构安排在都柏林。在国际上，本地化相关的机构包括成立于瑞士的 LISA（Localization Industry Standards Association），爱尔兰的 Localisation Research Centre（University of Limerick），the Software Localisation Interest Group（SLIG）等。

与传统的翻译相比较，本地化翻译在多个方面存在不同。在处理的对象方面，传统翻译处理的对象相对比较单一，而软件本地化过程处理的对象则不仅仅是软件本身，还包括联机帮助文档、网站、用户手册以及多媒体材料等（崔启亮、胡一鸣，2011：2）。更重要的是，这些对象之间还存在关联关系。例如，在对一个软件产品的操作界面进行翻译时，还需要考虑在产品网站和用户手册中进行相应的修改，其中的插图、按钮名称等需要进行相应的调整，以完成相应的功能或操作。

在应用技术方面，软件本地化过程中往往包含以下活动：项目管理，软件工程和翻译，在线帮助或网络内容的翻译、实现和测试，文件排版和发布、多媒体整合、质量保证技术等（Esselink，2000），涉及软件的国际化设计、计算机辅助翻译技术、术语管理技术、译文质量检查技术、统计等。这些技术除国际化设计之外，在前面的章节都有所涉及。与技术需求相适应，参与本地化过程的人员不仅包括翻译人员，也包括软件人员和质量管理人员，需要参与人员的密切配合。

本地化翻译中，软件界面的本地化是软件本地化翻译、桌面排版、本地化测试等工作的基础，其过程所涉及的内容较为广泛，流程也比较复杂。限于篇幅，本章从译员角度出发，介绍软件界面本地化的主要内容、应用 Passolo 进行软件界面翻译的基本过程以及界面翻译中应遵循的基本原则。

第二节　软件交互界面翻译

软件是按照特定顺序组织的计算机程序代码、数据和文档的总称。软件的主要部分可以看作两种类型语言的集合。一种语言为形式化语言，包括在计算机底层运行的机器代码，也包括高级编程语言。这一类型语言是机器运行方式的指令，在本地化过程中不仅不能翻译，还必须维护其整体性，不容破坏。另一类语言则是自然语言，用于用户界面、帮助文档等，其主要功能是人机交互，用户需要通过自然语言理解软件的操作流程、发出具体明确的指令，同时计算机处理结果还需要以自然语言方式反馈给用户。

软件中的第二类语言，即自然语言是软件交互界面的主要内容。因此，在软件规划和设计时，可以通过"国际化（internationalization）"处理，在用户界面上留有足够空间，以适应多字符语言，使用支持国际字符集（如 Unicode）工具开发软件，使用全球规范通用的书写规范等。此外，将用户界面内容与机器代码分离，将用户界面内容以独立的方式保存在软件资源文件（resource files）也有利于实施软件界面的本地化（崔启亮、胡一鸣，2011）。

软件中所包含的用于人机交互的组件一般分为三种类型：对话框、菜单和字符串（Esselink，2000：58；崔启亮、胡一鸣，2011：47）。对话框是用户改变软选项或对软件进行设置的窗口。如图6-1所示，对话框中包含多种类型的控件，如命令按钮、单选按钮、复选按钮，复选框，下拉列表框、文本编辑框以及静态文本框等。这些控件一般都需要进行本地化处理。

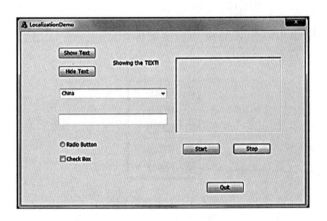

图 6-1　对话框示例

软件中菜单服务于人机交互的一组命令或选项列表，用以实现软件的各种功能。菜单可以分为常规菜单和快捷菜单。常规菜单是软件运行后软件窗口上方的菜单栏区域固定显示的菜单，快捷菜单是用户使用软件时单击鼠标右键而弹出的菜单（崔启亮、胡一鸣，2011：47）。如图6-2为 Windows 系统自带的写字板中的菜单，其中包含"新建"、"打开"等菜单命令的一层子菜单，而点击"另存为"后打开的为下层子菜单。在两个菜单中，都包含热键（如"打开"菜单命令的括号内包含的字母"O"，按住 Alt 键，同时按下字母 O 就可执行"打开文件"的命令。此外，有的菜单还会带有快捷键，用户可以通过按下这些组合键快速执行菜单命令。

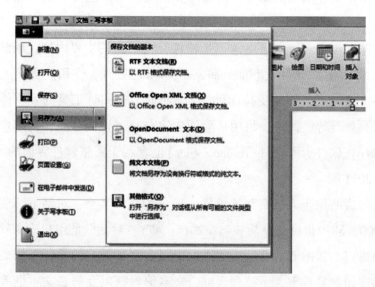

图 6-2　常规菜单示例

图 6-3 显示的则是写字板中的快捷菜单。在写字板窗体中单击右键，即可打开快捷菜单。快捷菜单中也可以包含热键和快捷键标识。

图 6-3　快捷菜单示例

字符串是内嵌在程序代码中，并在软件运行过程中出现的短语或者句子。这些句子具有多种用户交互功能，如告知用户软件运行状态、运行错误，警告或帮助信息等。例如，图 6-4 是一部分 C++代码，其中引号内的短语和句子即是需要翻译的字符串。如"China"、"United Kingdom"等是一个下拉菜单的几个选项；"%s is found and loaded"和"%s is not found!"分别是交互信息。在软件运行时，这些字符串会在相应的情况下弹出，以告知用户软件当前运行状态或者提供相关选项。

```
→// TODO: 在此添加额外的初始化代码
→m_combo_box.AddString(_T("China"));
→m_combo_box.AddString(_T("United Kindom"));
→m_combo_box.AddString(_T("United States"));
→m_combo_box.InsertString(1, _T("France"));
→m_combo_box.SetCurSel(0);

→CString str, srcFile = _T("test.avi");
→if (m_animate_ctrl.Open(srcFile)) {
→ →str.Format(_T("%s is found and loaded"), srcFile);
→ →MessageBox(str, _T("INFO"), MB_OK);
→}
→else {
→ →str.Format(_T("%s is not found!"), srcFile);
→ →MessageBox(str, _T("INFO"), MB_OK);
→}
```

图 6-4　C++代码示例

用于用户交互的对话框、菜单和字符串等所包含的文字与一般文档中的文字不同。这些文字除了表示控件的名称或功能之外，还具有标识软件操作方式（如热键、快捷键）的功能。在翻译软件界面时，不仅要在语义上保持控件名称对等，更重要的是要保持软件界面功能方面的一致性。由此，译员不仅要熟悉软件界面中的特定术语，还需要理解控件中文字与软件功能之间的对应关系，这样才能保证翻译过程中软件功能的完整性。

第三节　Passolo 与交互界面翻译

当前世界上比较流行的软件本地化工具包括 Passolo 和 Alchemhy Catalyst 等。在本地化流程中，这类工具的主要功能是将相关源文件中的机器代码和自然语言分离并提取出来，从而使翻译人员在不接触源代码的情况下完成本地化工作。Passolo 作为流行的软件本地化工具，能够保证翻译数据编译、交换和处理的安全性，还使用"所见即所得"的用户处理界面来提高翻译结果的可视化程度。

图 6-5 给出了运用 Passolo 进行软件界面翻译的流程。在 Passolo 中搭建一个项目，确定需要翻译的源文件，然后 Passolo 对源文件进行分析，从源文件提取各种控件中所包含的待翻译字串。与 SDL Trados Studio 不同，Passolo 支持以 Visual C++，Borland C++，以及 Delphi 语言编写的软件，也支持 Java 语言，能处理的源文件类型一般为执行文件（＊.EXE）或动态链接库文件（＊.DLL）。Passolo 通过运行句法分析器（Parser）

分析其中的字串，并将可执行文件中的可翻译字串抽取出来。需要注意的是，对于其他类型的文件的支持，可以通过增加辅助工具获得支持。表 6-1 给出了 Passolo 中可添加的句法分析器类型及其所支持的文件类型。

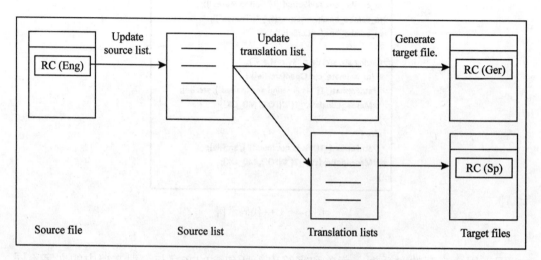

图 6-5　Passolo 的交互界面翻译流程①

表 6-1　　　　　　　　　　　　**Passolo 支持的文件句法分析类型**

句法分析器类型	文 件 格 式
HTML Parer	支持 HTML 格式
文本文件分析器	支持所有文本文件
XML 分析器	支持 XML 文件
JAVA 分析器	支持 JAVA 应用程序格式（＊.JAVA，＊.JAR，＊.WAR 等）
微软 .NET 分析器	支持微软 .Net 框架下的应用程序
Windows 8 Modern UI XLIFF	用于 windows 8 Modern UI 中的 XLIFF 文件
MSI 分析器	微软安装文件（＊.MSI）
ODBC 数据库分析器	支持通过 ODBC 访问数据库的文件格式
PO 文件	Portable Object 文件
资源文件分析器	Windows 资源文件（＊.RC）
Visual BASIC 6 分析器	支持 Visual BASIC 项目文件
Embarcadero Delphi/C++分析器	用 Embarcadero Delphi 或 Embarcadero 编译器编制的文件

---

① 节选自 Passolo 用户手册。

在 Passolo 中，从源文件中抽取出源文字串表(Source List)的过程称为"更新源语字符串列表"。在此基础上，通过"更新翻译字串列表"即可获得翻译字符串列表，然后再通过"生成目标文件"将翻译字符串列表嵌入文件中，生成目标文件。在后处理过程中，目标文件还需要经过测试，以保证软件功能的完整性。

依据上述翻译流程，给定一个需要进行本地化的二进制文件，使用 Passolo 可以完成用户界面的翻译。视频 6-1 演示了使用 Passolo 本地化软件的过程。

第四节　软件交互界面翻译原则

一、一般性原则

软件交互界面中的语言是用户与软件交互过程中信息传递的重要组成部分，在语言形式、功能以及格式等方面与一般文本中的文字存在较大的差别。在词汇方面，用户交互界面中专用术语较多，且不同语言中术语的译文相对固定；在句法方面，存在较多的祈使句式、陈述句式，句子简短，力求精练，且有特殊格式的句子；在语义和语用方面，用户交互语言服务于提升软件的可用性。为指定和理解软件翻译的一般性原则，需要从理论上理解软件的用户交互设计，理解影响软件可用性的主要因素。

符号工程理论(Semiotic Engineering)(de Souza, 1993, 2005；Souza, 2005)以符号学(尤其是 Charles Sanders Peirce 的符号学理论)为基础，提出了人机交互(Human-Computer Interface)的理论模型，认为人机交互是软件设计者以软件互界面为媒介，指导用户如何与系统交互，以达到软件系统所设计的目标的交际活动。与其他交际活动相比较，人机交互中的交际活动有两个主要特点。其一是单向性。在人机交互过程中，软件设计者是过程的主导者，设计者向用户单向传递信息，而用户则是信息的接受者和解释者，无法向设计者提供反馈。设计者在推理、选择和最终决策的基础上，将对某一问题情景以及一整套特定的问题解决方式进行编码，并以包含语言形式的界面呈现出来。而用户在软件使用过程中，需要学习、解释并理解软件界面及其编码系统才能与软件交互，完成预定任务。

人机交互的第二个特点是元交际，即设计者向用户传递的信息主要是关于其他交际活动的信息。这些信息基于对人们在思维过程中规律的捕获和理解，用以指导用户完成软件操作，达到软件设计目标。软件系统作为软件设计者的交际代言人(communicative deputy)，其界面及其语言体系应保持一致性和整体性，界面呈现方式合适、恰当，才能更好地支持用户在交互时的理解和解释交际过程。

软件用户界面翻译是对软件界面中最重要的媒介形式——语言的处理。在翻译过程中，译员应充分考虑到人机交互界面这一交际活动的单向性和元交际性，在翻译时尽力维护和提升软件的可使用性。在软件可用性方面，Nielsen(1994)在综合分析 249 个软件可用性问题的基础上，提出了用户界面设计上应注意的十条一般性原则：(1)系统状态的可视；(2)系统与客观世界之间的对应关系；(3)考虑用户的控制能力和自由度；(4)遵循标准，保持一致性；(5)避免错误；(6)尽量提供相关信息，避免依赖于用户记忆；(7)灵活性和使用效率；(8)美观及信息量最小化；(9)协助用户识别、确定错误和从错误中恢复；(10)帮助文档。

综合符号工程理论和软件设计可用性原则，翻译过程中应遵循如下原则：

(1)保持译文的一致性及其内在的统一性。从符号工程理论来看，界面语言是软件设计者与用户之间的交际活动，其一致性和内在统一性是这一交际活动的本质特征，也是交际活动成功的保证。因此，在翻译过程中，译者一方面需要理解设计者的意图，包括软件所涉问题情景、问题解决逻辑过程，另一方面需要保证术语使用、句型选择以及翻译风格等的一致性。此外，译文的一致性还应体现在语言符号与其他非语言符号的交互关系，以便于界面作为整体表达设计者的意图。

(2)尊重行业规范和标准。译者在词语、句式等选择时应遵循软件涉及行业在术语使用、概念表达等方面的规范，尊重行业已经形成的标准，这样才能减少用户在理解软件设计者意图时的障碍，增进软件的可使用性。

从上述两个原则可以看出，与文本翻译活动相比较，软件界面翻译对于规范性的要求更为严格。

二、术语翻译规范

如同第三章所述，术语是一个领域概念的表征系统。在用户界面翻译过程中，术语的一致性和统一性是保证翻译质量的重要环节。在术语翻译过程中，应遵循操作系统、相关行业以及系统内部对于术语翻译一致性的要求。

(一)术语翻译与操作系统

在计算机应用发展过程中，形成了不同的操作系统，其中流行的包括微软公司的 Windows 操作系统、苹果公司的 Mac 操作系统，以及 UNIX 操作系统等。即便是同一概念，不同的操作系统所使用的术语不尽相同。因此，译员需熟悉成熟的操作系统中常用术语在源语和目标语中的表达方式，同时也应注意到不同操作系统中术语的选择问题。

(二) 术语翻译与术语表

使用术语管理工具是保证在翻译用户界面时术语使用一致性的重要工具。一般而言，在本地化项目开始前，都会收集、整理用户界面上的术语，建立术语表，以便在翻译时使用。我们以 Passolo 为例介绍术语表的构建和使用。视频 6-2(Passolo 中术语表的运用)演示了 Passolo 中术语的使用过程。

Passolo 包含两种类型的术语表：公用术语表(Common Glossaries)和项目术语表(Project Glossaries)，以区分适用于某一类型操作系统的术语和适用于某一特定项目的术语。Passolo 2015 包含了微软基础类库(Microsoft Foundation Classes)的常用术语文件。图 6-6 给出了该术语表文件的示例。

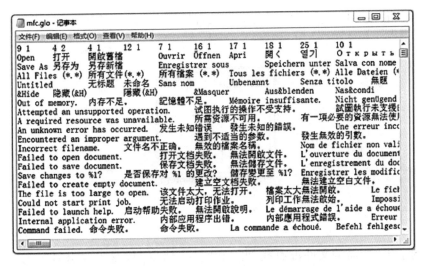

图 6-6　Passolo 术语表文件示例

Passolo 中的术语文件是文本文件(ASCII 或者 Unicode 编码)。文件中术语编排具有特定结构。文件第一行定义了语言类型，不同语言用制表符(TAB)隔开。语言类型采用 ID 标识，每一个 ID 标识包含基础类和下类两个部分。如在图 6-6 中，"9 1"表示美国英语(其中 9 为基础类，表示英语，1 表示美国英语)，"4 2"表示简体中文，"4 1"表示繁体中文。除第一行外，文件中其他行给出了不同语言类型的术语，如美国英语中的"Open"，其对应的简体中文为"打开"、繁体中文为"打開"。

项目专用术语表可以有两个来源。其一是依照通用性术语表的数据结构，手工构建项目专用术语表。其二是利用已有 Passolo 项目，通过 Export 方式输出术语表。视频 6-3(Passolo 术语表导出视频)演示了该方式。采用 Export 方式输出术语表的方法如下：

在打开的 Passolo 项目中，进入"Project>Export"，然后可选择"Passolo Glossary Export"或者"Passolo Glossary Maker"其中一种方式将该项目的翻译结果保存为术语表。

在翻译过程中，可以通过"Home>Translate>Pre-Translate String"应用术语表中的译文。具体操作参考视频 6-4(Passolo 术语表应用视频)。

三、格式规范

(一)标点符号处理规则

1. 引号的使用

在翻译过程中，应避免使用双引号，这是因为在程序代码中，可翻译字串往往放置在引号内。如例 6-1 中的 C++代码，可以生成如图 6-7 所示的对话框，

例 6-1 MessageBox(_T("所需的文件没有找到。")，_T("警告信息")，MB_OK)

图 6-7 引号在程序代码中的示例

其中的字串"所需的文件没有找到。"和"警告信息"放置于双引号之内。如果再加入引号，可能破坏程序结构，导致程序不能运行。在一些特殊场合一定需要使用双引号，可使用单引号模式。例如，在翻译"点击'确认'继续"时，正确的译文形式应该为"press 'OK' to continue"。与此同时，如果原文开头或结尾存在引号，在翻译时应该保留，而不能随意删除这些引号。

2. 空格字符的使用

应避免随意删除字串开头或者结尾的空格。在一些语言(如英语)中，这些空格字符是在程序运行时区分不同字词的界限。例如，将"复制"译为"copying"时，需要保留"制"后的空格。因为在文件运行时，"复制"会紧跟一个文件名，形如"复制 test. txt"，如果不保留空格，译文则会显示为"copyingtest. txt"。在汉语为目标语时，除菜单外，中文字和半角字符之间需要保留一个半角空格，例如，在中文字符和英文字符、阿拉

伯数字之间需要保留一个半角空格。

3. 括号的使用

如果括号内的字符都是半角字符，则使用英文半角括号。而如果括号内是中文字，或者包含中文字，则一律使用全角符号。

(二)特殊字符处理规则

程序代码中常常使用一些特殊字符，如"&"，"%"，"\"等。这些特殊字符一般具有特定的含义，在翻译过程中需要特殊对待，避免出现错误。"&"符号(ampersand character)应用于某些编程语言中，表达特殊意义。例如，在 C++语言中，"&"表示"与"逻辑操作符；在 Windows 菜单中表示下画线等。

有一些字符在字符串的格式化输出中被作为变量使用。所谓变量，是指在编程语言中，使用一些特定的占位符号，这些符号在程序运行过程中会被其他的字符串替代。一般而言，这些符号都以"%"作为开始。例如，在字符串"%s has value %d."中的两个变量字符"%s"和"%d"分别表示字符串变量和十进制整数型变量。将字符串"Temperature"和"25"分别替换其中的变量即可生成字符串"Temperature has value 25"。表 6-2 中是字符串格式化时常用的变量及其含义。

表 6-2　　　　　　　　　　　　　　　　变量字符及其含义

变　量	含　义
%s	字符串变量
%d	十进制整数型变量
%f	十进制浮点型变量
%x	十六进制变量
%u	Unicode 字符
{n}	第 n 或者 n-1 个变量，n 可以从"0"或者"1"开始
%p	Page number

(转引自崔启亮、胡一鸣，2011：54)

还有些字符被称为控制字符，用于控制字符的显示格式，常见的控制字符如表 6-3 所示。在翻译过程中，应保持控制符的形式不发生变化。

表 6-3　　　　　　　　　　　　　常见控制符及其含义

控　制　符	含　义
\ n	换行符
\ r	回车符
\ t	制表符

（转引自崔启亮、胡一鸣，2011：54）

（三）热键的翻译

　　热键也称快捷键，是通过特定按键、按键顺序或者按键组合来完成一个操作。参与热键的按键中往往包含 Ctrl 键、Shift 键、Alt 键、Fn 键、Windows 平台下的 Windows 键和 Mac 平台下的 Meta 键等。利用快捷键可以更便捷地完成一些操作。例如，在 Microsoft Word 中，应用热键"Ctrl+S"可以完成文件保存操作。视频 6-5（Passolo 中热键及其处理）演示了热键的功能及其翻译方法。

　　软件可以自主定义热键组合方式，并在主菜单、快捷菜单或者对话框中以一定的形式标识出来。例如在图 6-8 中，主菜单中"文件（F）"中的字母"F"即表示热键。"Alt+F"组合可以直接打开"文件（F）"的子菜单，"新建（N）"中的"N"表示单击键 N 可以打开新的编辑窗口，而"Ctrl+N"则表示另一种热键方式，即在编辑窗口中，使用该组合键即可打开新的编辑窗口。

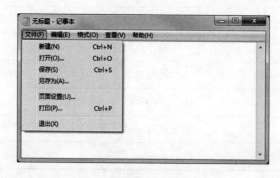

图 6-8　热键在菜单中的标识

　　在 Windows 中，上述热键标识方式具有规范性，因此，在翻译时应遵循相应的翻译格式。崔启亮（2011）总结了热键翻译时应注意的四个要点：（1）符号"&"和热键字母"F"被半角括号括起来，位于菜单译文之后；（2）菜单译文"文件"和半角括号之间不需要保留空格;(3)本地化的热键字母一律大写;(4)菜单文字后的省略号"…"不能删除,且保持为英文的省略号,而不能使用中文省略号"……"。

(四)空间限制问题

用户界面翻译中经常会遇到空间和长度的限制问题,这是由不同语言的文本长度不同造成的。一般情况下,中文文本要短于英文文本。另外,字体大小也会导致空间分布的不协调。如图 6-9 中原文为英文,译文为中文。可以看出,中文字体所占空间稍大。这一问题的解决方案一般有如下几种:

(1)通过翻译工具或者请求软件工程师对控件的尺寸进行调整。如 Passolo 支持所见即所得的界面编辑设置,利用该编辑界面,可以对控件的距离、大小、字体进行调整。视频 6-6(Passolo 中用户界面调整演示)演示了这种方法。

(2)通过修改翻译文本,或者使用缩略词等调整文本长度。

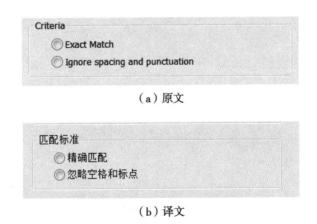

(a)原文

(b)译文

图 6-9 原文与译文在空间大小上的变化

四、不翻译内容

界面翻译中有一些字符串是不需要翻译的。例如,文件后缀名一般不需要翻译;资源文件中包含的日期或时间格式不需要翻译。

五、地名

地名具有高度的政治敏感性,涉及一个国家的政策。因此,在翻译过程中需慎重处理。表 6-4 给出了部分地名的标准表达方式。

表 6-4　　　　　　　　　　　部分地名的标准表达方式

英　文	汉　语
Taiwan Region	中国台湾
Hong Kong，China	中国香港／中国香港特别行政区
Macao，PRC	中国澳门／中国澳门特别行政区
Country/Region	国家/地区
Korea	韩国
D. P. R. Korea	朝鲜

（引自杨颖波等，2011，有删改。）

第七章　正则表达式

在信息技术领域有许多伟大的发明，如互联网、UNIX 操作系统、面向对象、XML 等，正则表达式（Regular Expression）也是其中的一项重要发明。正则表达式具有伟大发明的一切特点，它简单、优美、功能强大，妙用无穷。对于很多实际工作而言，正则表达式简直是灵丹妙药，能够成百倍地提高工作效率。正则表达式的功用不仅仅局限在计算机程序开发领域，在其他涉及语言文字或者符号信息处理的相关领域，它都可以发挥作用，大幅度提高工作效率，翻译领域当然也不例外。在翻译预处理、后处理、翻译记忆库的构建、质量检查翻译等过程中，都可以通过应用正则表达式提高翻译效率。因此，有必要在计算机辅助翻译课程中专门学习正则表达式。

第一节　什么是正则表达式

对于语言工作者来说，正则表达式可能是一个陌生的概念，但是理解和学习正则表达式却并不困难。正则表达式在本质上就是一种简单的语言。与自然语言相比较，正则表达式的词汇数量要少得多，语法也更为简单，且不存在歧义，功能表达也非常有限。

通过将正则表达式与自然语言进行类比，有助于快速掌握正则表达式的结构和功能。自然语言如中文、英语等是人类交流的工具，其所具有的一个重要功能就是对客观世界的描述。例如，例 7-1 中的汉语句子就是汉语中对图 7-1 中的客观世界的描述。其中词汇"梅花"、"树枝"是对图中事物的描述，"白色"、"绽放"是对"腊梅"状态的描述，"在……之上"表述了"腊梅"与"树枝"之间的关系。

例 7-1　白色的腊梅在树枝上绽放。

图 7-1　语言描述世界的功能

　　类似地，正则表达式也用于描述客观世界，但只局限于其中的极小部分——文本中的符号以及符号之间的关系。在文本中，符号之间也存在各种关联关系。如图 7-2 的文本中的任何一行可以用自然语言描述为"一串数字、一个制表符和一串有空格的英文字母构成的一个序列"。这一描述也可用例 7-2 中的正则表达式描述。其中"[0-9]+"对应自然语言中的"一串数字"，

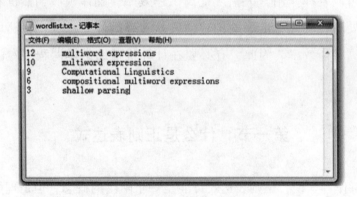

图 7-2　文本中符号关系示例

　　例 7-2① 　[0-9]+\t[a-z\s]+

　　"\t"对应制表符，"[a-z\s]+"对应"包含空格的连续英文字符串"，三者的关系为从左至右的顺序关系。

　　从上面的例子可以看出，正则表达式通过使用其特定的一些符号来描述文本中符号的特征、符号之间的关系以及符号出现的先后顺序。这种功能与自然语言描述客观世界的功能是一致的。因此，在理论上，正则表达式也可以看作自然语言的一个子集，其功能仅用于描述文本特征。

----

①　为区分，本章规定正则表达式一律位于灰色背景的方框中。

第二节　正则表达式的使用

正则表达式的主要功能是描述文本的特征，包括符号以及符号之间的关联关系。那么，为什么在翻译过程中需要这一功能呢？可以从两个层面回答这一问题。

从较低的层面上来说，利用正则表达式的这一特征，可以完成对文本的搜索、替换、删除、插入等操作功能。文本的搜索、替换、删除、插入等是翻译工作中经常执行的操作。例如，在译稿校对过程中，如果发现术语翻译存在不一致问题，那么就需要找出译文中某一术语所有出现的位置，或者找出某一术语翻译，然后进行统一替换，这一过程中就涉及搜索和替换操作。又比如在翻译过程中一些输入错误的检查和更正。例如在键入时常用词语的重复，如"the the"，"that that"等。利用正则表达式可以迅速查找、定位失误存在的位置，并予以更正。正因为如此，许多计算机辅助翻译的软件也支持使用正则表达式。在 SDL Trados Studio 的质量检查中就支持使用正则表达式查询和更正错误。除此之外，许多文本编辑器和文字处理软件都支持使用正则表达式对文本进行搜索、替换等操作。常用的文本编辑器，如 EditPlus、UltraEdit、Vi、Notpad++ 等都支持使用正则表达式进行搜索和替换。如果要进行多文本搜索和替换，可以使用 PowerGrep。

从较高层面上来说，正则表达式允许使用者掌控自己的数据，让它们为自己服务。孟岩在《精通正则表达式(第三版)》的推荐序中说道："因为正则表达式处理的对象是字符串，或者抽象地说，是一个对象序列，而这恰恰是当今计算机体系的本质数据结构……描述了结构，就等于描述了系统……以其价值而言……值得所有知识工作者去了解。"翻译工作者日常处理的就是字符串，日常工作在本质上就是对字符串的转换和操作。因此，对于翻译工作者而言，理解掌握正则表达式，就是掌握了一种可以处理和操作自己数据的终极武器，充分利用其具有的强大功能，可以成百倍、千倍地提高工作效率。

第三节　正则表达式的结构与功能

正则表达式在本质上是一种具有特殊功能的语言。在学习自然语言中被证明是高效的学习方法也可以应用于正则表达式的分析、理解和学习。当代语言学研究认为，自然语言中大部分的句子是通过"组块"构成的。"组块(lexical chunk)"是比词汇更大的语言单位，其结构相对固定，语义和语用功能也相对固定，将多个组块进行组合，就可以构成一个功能相对完整的句子。对于正则表达式而言，通过分析和理解正则表达式中的一些常用"组块"，一方面可以理解正则表达式的一般结构和语法特征，另一方面可以快速地掌握正则表达式，减少语言学习的负荷，并在翻译工作中得到迅速应用。

我们将正则表达式中的"组块"称为"模块单元"。模块单元内部结构都相对简单，但是它们采用多种形式进行组合，服务于某一特殊目标。

一、与行的起始、结束相关的模块单元

可以使用正则表达式查找和定位行首或者行尾的一些文本或符号。在一些情况下我们需要查找一些行首存在的语法格式失误，如首字母是否大写。例如，假设我们需要确定行首中是否存在没有大写的"this"，则可以使用例 7-3 中的正则表达式。有时我们需要查找行尾出现的一些格式错误。例如，在英语中，以逗号","结尾的一行应被视为一种格式错误。这种错误可以使用例 7-4 中的正则表达式搜索和定位。

例 7-3　^this：匹配以 t 作为一行的首字母，后跟字串"his"

例 7-4　,$：匹配以","为一行结尾的文本

例 7-3 和例 7-4 中给出的正则表达式是较为基本的模块单元，其中的字符如"this"、","可以根据具体的目标予以替换。在这一模块单元中，需要记忆的知识点是：匹配行首使用脱字符^，匹配行尾使用美元符号 $。

二、字符类型组相关单元

查找一些由特定词语和(或者)数字组成的字符串是翻译过程中经常面临的任务。正则表达式不仅能够提供基于精确匹配的搜索，而且可以对某一类现象进行搜索和替换。在这一类操作中，通常使用 [ ] 来描述具有相似特征的文本。例如，如果需要浏览和确定译文中所有的数字翻译是否符合规范，那么就可以使用例 7-5 所示的模块单元定位所有自然数。例 7-6 中的表达式可以匹配所有的包含一个或者多个的大写字母的文本。此外，有些文本中有很多缩略词，应用这一模块单元，可以帮助我们查找缩略词，以检查其翻译的准确性。

例 7-5　[0-9]+：匹配所有的由 0—9 组成的自然数。

例 7-6　[A-Z]+：匹配一个或者多个大写英文字母组成的文本。

在搜索中我们不仅需要寻找一些我们想要找到的字符串，有时也需要逻辑上的"否"功能，即排除一些我们不希望在文本中出现的字符。例如，在英文写作过程中，可能提出由如下问题构成的一个具体情境：词语 derive 后面是不是总是紧跟介词 from？

是否存在其他搭配模式？为此，我们需要查找那些 derive 后没有使用 from 的句子。使用例 7-7、例 7-8 可以找到这些句子。

　　例 7-7　derive \ s[ˆf]：匹配在 derive 之后不以字母 f 开头的所有文本。

　　例 7-8　derive \ s(?! from)：匹配在 derive 之后不紧跟字串 from 的所有文本。

　　需要注意的是，例 7-7 和例 7-8 中的两个正则表达式所匹配的文本的范围是不同的，其中例 7-7 匹配的范围和数量在理论上要大于例 7-8 匹配的范围。例如"derive for"就可以被例 7-8 匹配而不会被例 7-7 匹配。因此，应用上述两种模块单元进行检索，例 7-7 所排除的实例要多于例 7-8 所排除的实例，例 7-8 能更准确地实现想要达到的搜索目标。在使用正则表达式的过程中，如何精确描述查找的范围，不包含多的实例，同时也不遗漏符合条件的实例，是一直需要面对的矛盾，需要在两者之间寻找到一种平衡。

　　在许多文本中，存在中英混排的现象。有时需要清除其中的英语字符。这时使用正则表达式则可以很容易实现这一目标。使用例 7-9 可以匹配大部分的英文字符，例 7-10 则可以匹配所有的汉字。

　　例 7-9　[a–zA–Z, .?!""]：匹配所有的英文字母大小写和六种标点符号。

　　例 7-10　[\ u4E00– \ u9FFF]：匹配 utf-8，utf-16 和 gb2312 等编码形式文件中的汉字。

　　本节的知识点包括以下三个方面：

　　(1)位于元字符[]之中的字符构成一个字符集合。匹配过程中找到该集合中的任一字符，即可视为匹配成功。

　　(2)元字符 + 表示"之前紧邻的元素出现一次或多次"。

　　(3)(?! from \ s)表示向右环视，寻找不包含 from \ s 的文本。

三、搭配相关模块单元

　　翻译过程中可以借助语料库确定某一些词语的搭配用法。以"derive"为例。一般性语法知识认为该词需要与"from"搭配使用。然而，该词使用的具体搭配模式是怎样的呢？是"derive sth. from"，还是"derive from"，还是这两种模式都可以使用呢？为此，可以通过例 7-11 给出的正则表达式在语料库中寻找相关的例句。值得注意的是，这里匹配的内容比真实的"derive…from"搭配实例范围要大一些。因为 . * 可以匹配任意多的字符串，这样就可能包含两个句子的情况，其中一个句子出现"derive"，另外一个句子出现"from"。

　　例 7-11　derive. * from：匹配所有"derive"和"from"同时出现的一行。

词语的搭配问题还存在左边搭配和右边搭配的问题，如否定词的使用问题。在现代英语中，否定词一般位于被否定的动词之前（或按照从左至右的顺序，位于动词的左边）。那么，如何表述"否定词位于动词左边"这一格式特征呢？这一特征可以通过正则表达式的"环视"功能实现。如例 7-12 中，表达式(？<=not \ s)表示从词语"care"的左边寻找否定词"not"。利用正则表达式的环视功能，也可以表述在"care"的右边寻找否定词，如例 7-13。"环视"与"not care"、"care not"之间的区别在于匹配的结果。如果采用"环视"，那么其匹配结果中不包含"not \ s"，而采用"not care"和"care not"的匹配结果中包含表达式中所有内容。例 7-14 则可用来错误断行。

例 7-12　(？<=(not | n \ 't)) \ scare：匹配在 care 左边使用否定词"not"。如"They will not take care to overrun their income."

例 7-13　care \ s(？=not \ s)：匹配在 care 右边使用否定词。如"They will take care not to overrun their income."

例 7-14　(？<=[a-z]) \ r \ n(？=[a-z])：在 Windows 系统中匹配以小写字母开头的行。这一语句在整理由 PDF 转换过来的语料时可用。

日期是语言中的重要信息。在翻译过程中需要确定其准确性，为此，可以使用正则表达式查找各种日期的表示形式。例如，使用例 7-15 中的表达式可以"2003 年 9 月 3 日"的部分表示形式。

例 7-15　2003.9.3：匹配"2003/9/3"，"2003-9-3"以及"2003. 9. 3"等时间表述形式。

四、词语的多种形式

由于历史原因，有些词语可能存在多种形式，如"灰色"在英语中存在"gray"和"grey"两种拼写形式。此外，英语中的名词、动词以及形容词等，除了基本形外，还会依据语法需求使用具有曲折变化形式。如"take"的曲折变化形式还有"took"，"takes"，"taken"以及"taking"。在一些情况下，需要搜索词语的所有可能形式。通过结合使用小括号()和逻辑"或(|)"，可以描述词语出现的多种形式，如例 7-16、例 7-17。

例 7-16　(gray | grey)：匹配英语中词语"灰色"的两种拼写形式：gray 和 grey。

例 7-17　(take | takes | taken | took | taking)：匹配英语中词语"take"的各种曲折变化形式。

此外，也可以使用元字符 ？表示可选项。把它加在一个字符的后面，就表示此处允许出现这个字符，不过它的出现并非匹配成功的必要条件。如例 7-18 中，？在字母

u 之后，表示如果 o 之后如果出现 u，匹配是成功的。然而如果其后不出现 u，匹配也是成功的。由此，该表达式可以匹配"color"或者"colour"两种不同的文本。

例 7-18 colou？r：匹配词语"颜色"在英式英语和美式英语两种英语方言中的不同拼写形式。

本节的知识点是：小括号(A|B)在正则表达式中由 A、B 两个字符串构成的集合，匹配时其中任一匹配成功即可；竖线元字符 | 表示逻辑"或"。

五、词语的重复

在英语写作或翻译过程中，经常出现"the the"这样的词语重复失误。这样的错误可以通过使用正则表达式中的量词描述。正则表达式中有四种数量的描述方式："+"，"＊"，"？"以及"{m，n}"，如例 7-19、例 7-20 和例 7-21。

例 7-19 (the \ s)+："the \ s"这一形式出现一次或多次。

例 7-20 (the \ s)＊："the \ s"这一文本形式出现任意多次或者不出现。

例 7-21 (the \ s){2}："the \ s"这一文本形式出现 2 次。注意有些工具不支持区间量词。

在自然语言中，可以使用代词来指代(或引用)之前(或之后)提及的事物或事件。正则表达式也具有这样的功能。使用小括号( )可以"记住"它们包含的子表达式匹配的文本，并且可以使用反向引用(如 \ 1)来使用先前匹配的文本。反向引用可以类比自然语言中的代词。在正则表达式中，使用反向引用引用之前匹配到的子表达式。

如在例 7-22 中，使用括号可以记忆 the \ s 子表达式，然后在表达式后部使用 \ 1 引用这一部分。从而使得整个表达式匹配的结果为"the the"。使用例 7-23 中的表达式，则可以匹配到例 7-24 中的文本。在正则表达式中，使用 \ 1、\ 2、……可以顺序反向引用表达式之前用小括号标识的子表达式。

例 7-22 (the \ s) \ 1：匹配"the the"。

例 7-23 (the \ s)(desk \ s). ＊ \ 1 \ 2

例 7-24 …the desk is exactly the desk you need …

六、翻译赘余

在日常翻译任务中，缺少经验的翻译人员常常会遇到"同义堆叠"等问题。翻译时并不注意，需要修改时逐个查找效率较低，可用正则表达式进行查找。如例 7-25、例 7-26 及例 7-27。

例 7-25 在……方面取得成功：本应为"succeed in"，却翻译为"achieve success

in", 可使用表达式achiev(e | es | ed | ing)success in进行查找替换。

例 7-26 调查: 本应为"investigate", 却翻译为"make an investigation of", 可使用表达式(make | makes | made | making)an investigation of进行查找。

例 7-27 female businesswoman, female policewoman 等"同义堆叠"问题, 可使用表达式female [a-z]* woman进行查找修改。

七、字符的转义

如果需要匹配的某个字符本身就是元字符, 那么就需要通过转义方法, 消除元字符的特殊含义, 使其成为普通字符。即在元字符前面加一个反斜线作为"转义符", 如例 7-28。匹配反斜线自身就必须使用两个反斜杠(\\)来表示。

例 7-28 \. : 匹配英语中的句号或圆点。

八、正则表达式注意事项

(1)转义字符的反斜线为"\", 不是"/"。

(2)正则表达式[ ]中只匹配一个字符, 且其中的字符, 默认为普通字符, 没有正则表达式的特殊字符的含义。

(3)表达式123456789 | 456 | 45中将"|"的左右看成整体, 即使没有( )。

(4)对于以元字符转为大写为最反义, 字符组中加"^"取反义。详见表 7-1 与表7-2。

(5)元字符\s包括"␣"(空字符)、"\f"(换页符)、"\n"(换行符)、"\r"(回车符)、"\t"(制表符)、"\v"(垂直制表符)共 6 种显示为空的字符, 进行替换时需注意, 如果仅仅匹配空字符, 可使用"_+"表示。

第四节 常用正则表达式对应表

常用正则表达式对应表如表 7-1、表 7-2、表 7-3 所示。

表 7-1   常用的元字符

代 码	说 明
.	匹配除换行符以外的任意字符
\ w	匹配字母或数字或下画线或汉字
\ s	匹配任意的空白字符(包括空格、制表符等)

代　码	说　明
\ d	匹配数字
\ b	匹配单词的开始或结束
^	匹配字符串的开始
$	匹配字符串的结束

表 7-2　　　　　　　　　　　　　常用的反义代码

代　码	说　明
\ W	匹配任意不是字母、数字、下画线、汉字的字符
\ S	匹配任意不是空白符的字符
\ D	匹配任意非数字的字符
\ B	匹配不是单词开头或结束的位置
［^x］	匹配除了 x 以外的任意字符
［^aeiou］	匹配除了 aeiou 这几个字母以外的任意字符

表 7-3　　　　　　　　　　　　　常用的限定符

代　码	说　明
*	重复零次或更多次
+	重复一次或更多次
?	重复零次或一次
{n}	重复 n 次
{n,}	重复 n 次或更多次
{n, m}	重复 n 到 m 次

附录 I   SDL Trados 支持文件类型

下面给出了 2015 版 SDL Trados 所支持的文件类型：

类别	文件类型名称	后 缀 名	说 明
SDL Trados 内部文件	SDL XLIFF	*. SDLXLIFF	符合 OASIS XLIFF 1. 2 标准的中间双语文件格式，用于储存有相关信息的全部或部分已翻译内容
	TRADOStag	*. TTX	该文件包含创建此文件所用原始文件的完整路径名
	SDL Edit	*. ITD	SDL Edit 文件类型的设置
	Trados Translator's Workbench	*. DOC, *. DOCX	该文档储存了双语内容的 Microsoft Word 文档
Microsoft Office 文件	Microsoft Word 2000-2003, 2007-2013, 2007-2016	*. DOC, *. DOT, *. DOCX, *. DOTX, *. DOCM, *. DOTM	不同版本的 Microsoft Word 文档
	Microsoft PowerPoint XP-2003, 2007-2013	*. PPT, *. PPS, *. POT, *. PPTX, *. PPSX, *. POTX, *. PPTM, *. POTM, *. PPSM	不同版本的 Microsoft PowerPoint 文档
	Microsoft Excel 2007-2013, 2000-2003	*. XLS, *. XLT, *. XLSX, *. XLTX, *. XLSM	不同版本的 Microsoft Excel 文档

续表

类别	文件类型名称	后　缀　名	说　　明
Adobe	Adobe FrameMaker 8-13 MIF	*.MIF	从 FrameMaker 8-11 导出的 MIF 文件类型。对于其中的可译字串可以进一步设置
	Adobe InDesign CS2-CS4 INX, Adobe InDesign CS4-CC IDML	*.INX, *.IDML	InDesign CS-2-CS4 INX 文件, 更新版本的是 InDesign CS4-CC IDML 文件, 用于指定定义 IDML 文本结构的段落格式
	Adobe InCopy CS4-CC ICML	*.ICML	
	PDF	*.PDF	PDF 文件类型格式
Open Document Files	OpenDocument Text Document	*.ODT, *.OTT, *.ODM	
	OpenDocument Presentation	*.ODP, *.OTP	OpenDocument 文本文档和演示文档
	OpenDocument Spreadsheet	*.ODS, *.OTS	OpenDocument 电子表格
XML 文件	Microsoft .NET Resources	*.RESX	Microsoft .Net 资源文件
	OASIS DITA 1.2 Compliant	*.XML, *.DITA	符合 OASIS DITA 1.2 规范的数据文件
	XTHML 1.1 HTML 5、HTML 4	*.HTML, *.HTM	网页文件
Java Resources	Java 资源文件	*.PROPERTIES	
	Rich Text	*.RTF	富文本格式文件
	Text	*.TXT	纯文本格式文件

附录 II 字符编码（Character Encoding）

在计算机内部，所有的信息最终都表示为一个二进制的字符串。每一个二进制位（bit）有 0 和 1 两种状态，因此八个二进制位就可以组合出 256 种状态，这被称为一个字节（byte）。也就是说，一个字节一共可以用来表示 256 种不同的状态。

而语言是由符号组成的，不同的语言所使用的符号并不一样。例如，在英语中，所使用的主要是字母，此外，还包括阿拉伯数字、标点符号以及其他一些特殊的符号。为了将语言存储在计算机中，需要将语言符号与字节的状态关联起来，一个字节状态关联一个语言符号，由此，需要建立起字节状态与语言符号的对应关系，这种对应关系的构建即字符编码。

早在 20 世纪 60 年代，美国制定了一套字符编码，对英语字符与二进制位之间的关系做了统一规定。这被称为 ASCII 码（American Standard Code for Information Interchange），一直沿用至今。ASCII 字符代码表给出了 ASCII 码的详细描写。

在计算机技术发展的早期，如 ASCII（1963 年）和 EBCDIC（1964 年）这样的字符集逐渐成为标准。但这些字符集的局限很快就变得明显。在英语中，使用 128 个符号已经能够满足使用的需要。然而在其他的欧洲国家，有些 128 个符号是不够用的。如法语中的"Dauphiné"中的"é"并不能在 ASCII 中找到。于是，这些国家对 ASCII 进行了扩展，使用 256 个编码中尚未使用的编码来表示一些字符。

对 ASCII 的扩展似乎并不能满足亚洲国家的文字的需要。以汉语为例，中国大陆常用汉字有 3000 个左右，中国台湾和中国香港地区常用汉字有 4000 个左右。上述的一个字节，256 种状态无法满足在电脑中储存这些语言符号的需要。于是人们采用 2 个字节来表示这些语言符号，这样从理论上讲，可以表达 256×256 = 65536 个符号，能够满足汉字的需要。由此，我国开发了如下的汉字编码：

（1）GB2312：中华人民共和国国家汉字信息交换用编码，全称《信息交换用汉字编码字符集——基本集》，由国家标准总局发布，1981 年 5 月 1 日实施，通行于中国大陆。新加坡等地也使用此编码。GB2312 收录简化汉字及符号、字母、日文假名等共

7445 个图形字符，其中汉字占 6763 个。GB2312 规定"对任意一个图形字符都采用两个字节表示，每个字节均采用七位编码表示"，习惯上称第一个字节为"高字节"，第二个字节为"低字节"。

ASCII 字符代码表①

高四位 低四位	ASCII非打印控制字符 0000 (0)					ASCII非打印控制字符 0001 (1)					ASCII打印字符 0010 (2)		0011 (3)		0100 (4)		0101 (5)		0110 (6)		0111 (7)		ctrl
	十进制	字符	ctrl	代码	字符解释	十进制	字符	ctrl	代码	字符解释	十进制	字符	十进制	字符	十进制	字符	十进制	字符	十进制	字符	十进制	字符	
0000 / 0	0	BLANK NULL	^@	NUL	空	16	►	^P	DLE	数据链路转意	32		48	0	64	@	80	P	96	`	112	p	
0001 / 1	1	☺	^A	SOH	头标开始	17	◄	^Q	DC1	设备控制1	33	!	49	1	65	A	81	Q	97	a	113	q	
0010 / 2	2	☻	^B	STX	正文开始	18	↕	^R	DC2	设备控制2	34	"	50	2	66	B	82	R	98	b	114	r	
0011 / 3	3	♥	^C	ETX	正文结束	19	‼	^S	DC3	设备控制3	35	#	51	3	67	C	83	S	99	c	115	s	
0100 / 4	4	♦	^D	EOT	传输结果	20	¶	^T	DC4	设备控制4	36	$	52	4	68	D	84	T	100	d	116	t	
0101 / 5	5	♣	^E	ENQ	查询	21	§	^U	NAK	反确认	37	%	53	5	69	E	85	U	101	e	117	u	
0110 / 6	6	♠	^F	ACK	确认	22	▬	^V	SYN	同步空闲	38	&	54	6	70	F	86	V	102	f	118	v	
0111 / 7	7	●	^G	BEL	震铃	23	↨	^W	ETB	传输块结束	39	'	55	7	71	G	87	W	103	g	119	w	
1000 / 8	8	◘	^H	BS	退格	24	↑	^X	CAN	取消	40	(	56	8	72	H	88	X	104	h	120	x	
1001 / 9	9	○	^I	TAB	水平制表符	25	↓	^Y	EM	媒体结束	41	)	57	9	73	I	89	Y	105	i	121	y	
1010 / A	10	◙	^J	LF	换行/新行	26	→	^Z	SUB	替换	42	*	58	:	74	J	90	Z	106	j	122	z	
1011 / B	11	♂	^K	VT	垂直制表符	27	←	^[	ESC	转意	43	+	59	;	75	K	91	[	107	k	123	{	
1100 / C	12	♀	^L	FF	换页/新页	28	∟	^\	FS	文件分隔符	44	,	60	<	76	L	92	\	108	l	124	|	
1101 / D	13	♪	^M	CR	回车	29	↔	^]	GS	组分隔符	45	-	61	=	77	M	93	]	109	m	125	}	
1110 / E	14	♫	^N	SO	移出	30	▲	^6	RS	记录分隔符	46	.	62	>	78	N	94	^	110	n	126	~	
1111 / F	15	☼	^O	SI	移入	31	▼	^-	US	单元分隔符	47	/	63	?	79	O	95	_	111	o	127	△	Back space

注：表中的ASCII字符可以用：ALT +"小键盘上的数字键"输入

DOSDIY · 蓝云 · Lydong 制作 2006.1.31 · DOSDIY.MYRICE.COM

（2）GBK：全国信息技术化技术委员会于 1995 年 12 月 1 日发布《汉字内码扩展规范》。GBK 向下与 GB2312 完全兼容，向上支持 ISO 10646 国际标准，在前者向后者过渡过程中起到承上启下的作用。

（3）GB18030：GB18030 是最新的汉字编码字符集国家标准，向下兼容 GBK 和 GB2312 标准。

（4）BIG5：BIG5 是通行于中国台湾、中国香港地区的一个繁体字编码方案。虽然存在一些瑕疵，但广泛应用于电脑行业，尤其是互联网中，从而成为一种事实上的行业标准。1983 年 10 月，中国台湾"科学委员会"、"国语推行委员会"、"标准局"、"行政院"共同制定了《通用汉字标准交换码》，后经修订于 1992 年 5 月公布，更名为《中文标准交换码》，BIG5 是中国台湾资讯工业策进会根据以上标准制定的编码方案。

---

① 引用自 Wikipedia。

然而上述基于 ASCII 的扩展导致了另一个问题，即编码的混乱。世界上存在着多种编码方式，同一个二进制数字可以被解释成不同的符号。因此，要想打开一个文本文件，就必须知道它的编码方式，否则用错误的编码方式解读，就会出现乱码。为什么电子邮件常常出现乱码？就是因为发信人和收信人使用的编码方式不一样。

可以想象，如果有一种编码将世界上所有的符号都纳入其中，每一个符号都给予一个独一无二的编码，那么乱码问题就会消失。这就是 Unicode，就像它的名字表示的，这是一种所有符号的编码。

Unicode 当然是一个很大的集合，现在的规模可以容纳 100 多万个符号。每个符号的编码都不一样，比如，U+0639 表示阿拉伯字母 Ain，U+0041 表示英语的大写字母 A，U+4E25 表示汉字"严"。具体的符号对应表，可以查询 unicode. org，或者专门的汉字对应表。

需要注意的是，Unicode 只是一个符号集，它只规定了符号的二进制代码，却没有规定这个二进制代码应该如何存储。

比如，汉字"严"的 unicode 是十六进制数 4E25，转换成二进制数足足有 15 位（100111000100101），也就是说这个符号的表示至少需要 2 个字节。表示其他更大的符号，可能需要 3 个字节或者 4 个字节，甚至更多。

这里就有两个严重的问题，第一个问题是，如何才能区别 Unicode 和 ASCII？计算机怎么知道三个字节表示一个符号，而不是分别表示三个符号呢？第二个问题是，我们已经知道，英文字母只用一个字节表示就够了，如果 Unicode 统一规定，每个符号用三个或四个字节表示，那么每个英文字母前都必然有两到三个字节是 0，这对于存储来说是极大的浪费，文本文件的大小会因此大出两三倍，这是无法接受的。

它们造成的结果是：(1)出现了 Unicode 的多种存储方式，也就是说有许多种不同的二进制格式，可以用来表示 Unicode。(2) Unicode 在很长一段时间内无法推广，直到互联网的出现。互联网的普及，强烈要求出现一种统一的编码方式。UTF-8 就是在互联网上使用最广的一种 Unicode 的实现方式。其他实现方式还包括 UTF-16(字符用两个字节或四个字节表示)和 UTF-32(字符用四个字节表示)，不过在互联网上基本不用。重复一遍，这里的关系是，UTF-8 是 Unicode 的实现方式之一。

UTF-8 最大的一个特点，就是它是一种变长的编码方式。它可以使用 1~4 个字节表示一个符号，根据不同的符号而变化字节长度。

UTF-8 的编码规则很简单，只有两条：

(1)对于单字节的符号，字节的第一位设为 0，后面 7 位为这个符号的 unicode 码。因此对于英语字母，UTF-8 编码和 ASCII 码是相同的。

（2）对于 n 字节的符号(n>1)，第一个字节的前 n 位都设为 1，第 n+1 位设为 0，后面字节的前两位一律设为 10。剩下的没有提及的二进制位，全部为这个符号的 unicode 码。

附录Ⅲ　质量检测工具调查

本列表翻译来自 Makoushina（2007）。

检测类型	*Déjà vu*	SDLX	Star	Trados QA	Wordfast	ErrorSpy	QA	XBench
句段层面检查								
空翻译句段	✓	✓		✓		✓	✓	✓
未翻译句段		✓		✓		✓	✓	
忽略句段				✓			✓	
部分翻译句段		✓				✓	✓	
不完全翻译句段				✓		✓	✓	
损坏字符串		✓		✓			✓	
不一致句子统计		✓						
不一致检查								
源语言不一致						✓	✓	✓
目标语言不一致	✓	✓		✓		✓	✓	✓
标点符号检查								
句段结尾标点		✓		✓		✓	✓	
句中空格		✓				✓	✓	
双空格		✓		✓	✓	✓	✓	
双圆点		✓		✓		✓	✓	
双标点符号		✓				✓	✓	
引号						✓	✓	
问号						✓	✓	
括号				✓		✓	✓	
数字检查								
数值	✓		✓	✓	✓	✓	✓	✓

检测类型	*Déjà vu*	SDLX	Star	Trados QA	Wordfast	ErrorSpy	QA	XBench
数字格式			✓			✓	✓	
度量单位转换							✓	
数字到文字转换						✓	✓	
术语检查								
项目术语一致性	✓	✓	✓		✓	✓	✓	✓
可识别的不可译字串						✓	✓	
标记检查								
相同标记	✓		✓	✓		✓	✓	

参 考 文 献

[1] Achananuparp, P. , Hu, X. & Shen, X. *The Evaluation of Sentence Similarity Measures*. Paper presented at the Proceedings of the 10th international conference on Data Warehousing and Knowledge Discovery, Turin, Italy, 2008.

[2] Ahrenberg, I. Alignment. In S. -W. Chan (Ed.), *Routledge encyclopedia of translation technology*. London and New York: Routledge, 2015: 395-409.

[3] Arthern, P. J. Machine translation and computerized terminology systems: a translator's viewpoint. In B. M. Snell (Ed.), *Translating and the Computer*. North-Holland Publishing Company, 1979.

[4] Austermuhl, F. *Electronic tools for translators = Yi zhe de dian zi gong ju* (Di 1 ban.). Beijing: Foreign Language Teaching and Research Press, 2006.

[5] Balkan, L. *Computer Aided Translation Technology: A Practical Introduction*. Kluwer Academic Publishers, 2004, 18: 349-352.

[6] Bowker, L. *Computer-aided translation technology: a practical introduction*. [Ottawa]: University of Ottawa, 2002.

[7] Bowker, L. Computer-Aided Translation: Translator training. In S. -W. Chan(Ed.), *The Routledge Encyclopedia of Translation Technology*. London and New York: Routledge, 2015: 88-104.

[8] Calzolari, N. , Fillmore, C. J. , Grishman, R. , Ide, N. & Lenci, A. *Towards Best Practice for Multiword Expressions in Computational Lexicons*. Paper presented at the the 3rd International Conference on Language Resources and Evaluation LREC 2002, 2002.

[9] Chan, S. -W. Computer-aided translation: Major Concepts. In S. -W. Chan (Ed.), *Routledge Encyclopedia of Translation Technology*. London and New York: Routledge, 2015a: 3-32.

[10] Chan, S. -W. The development of translation technology: 1967-2013. In S. -W. Chan

(Ed.), *Routledge encyclopedia of translation technology*. London and New York: Routledge, 2015b: 3-32.

[11] De Souza, C. S. The semiotic engineering of user interface languages. *International Journal of Man-Machine Studies*, 1993, 39(5): 753-773.

[12] De Souza, C. S. *The semiotic engineering of human-computer interaction*. Cambridge, Mass.: MIT Press, 2005.

[13] Declercq, C. Editing in translation technology. In S.-W. Chan (Ed.), *The Routledge Encyclopedia of Translation*. London and New York: Routledge, 2015.

[14] Esselink, B. *A Practical guide to localization Language international world directory v 4.* [2000]. http://site.ebrary.com/lib/ascc/Doc? id=5004956.

[15] Freigang, K. H. Automation of Translation: Past, Presence, and Future, 2001.

[16] Görög, A. Quality Evaluation Today: the Dynamic Quality Framework. *Translating and the Computer*, 2014, 36: 155-164.

[17] Gotti, F., Langlais, P., Macklovitch, E., Bourigault, D., Robichaud, B. & Coulombe, C. *3GTM: A Third-Generation Translation Memory*. Paper presented at the 3rd Computational Linguistics in the North-East (CLiNE) Workshop, Gatineau, Québec, 2005.

[18] Hutchins, J. ALPAC: the(in)famous report. *MT News International*, 1996, 14: 9-12.

[19] Hutchins, J. The origins of the translator's workstation. *Machine Translation*, 1998, 13(4): 287-307.

[20] Hutchins, J. Current commercial machine translation systems and computer-based translation tools: system types and their uses. *International Journal of Translation*, 2005, 17(12): 5-38.

[21] Hutchins, J. & Somers, H. L. *An introduction to machine translation*. London: Academic Press, 1992.

[22] Jackendoff, R. S. *The architecture of the language faculty*. Cambridge, Mass.: MIT Press, 1997.

[23] Kageura, K. & Umino, B. Methods of automatic term recognition: a review. *Terminology*, 1996, 3(2): 259-289.

[24] Kay, M. The Proper Place of Men and Machines inLanguage Translation. *Machine Translation*, 1998, 12(1/2): 3-23.

[25] Korkontzelos, I. *Unsupervised learning of multiword expressions* [electronic resource].

University of York, 2010.

[26] Li, Y. , McLean, D. , Bandar, Z. A. , O'Shea, J. D. & Crockett, K. Sentence Similarity Based on Semantic Nets and Corpus Statistics. *IEEE Trans. on Knowl. and Data Eng.* , 2006, 18(8): 1138-1150.

[27] Makoushina, J. Translation quality assurance tools: current state and future approaches. *Translating and the Computer*, 2007.

[28] Maynard, D. & Ananiadou, S. *Identifying terms by their family and friends.* Paper presented at the the 18th conference on Computational linguistics, Morristown, NJ, USA, 2000.

[29] Melby, A. *Multi-level translation aids in a distributed system.* Paper presented at the the Ninth International Conference on Computational Linguistics, Prague, 1982.

[30] Melby, A. , Lommel, A. & Vázquez, L. M. Bitext. In S. -w. Chan (Ed.) , *Routledge encyclopedia of translation technology.* London and New York: Routledge, 2015: 409- 424.

[31] Melby, A. & Wright, S. E. Translation Memory. In S. -W. Chan (Ed.) , *Routledge Encyclopedia of Translation Technology.* London and New York: Routledge, 2015.

[32] Moirón, B. V. *Fixed Expressions and their Modifiability.* (Ph. D) , University of Groningen, Netherlands, 2005.

[33] Nielsen, J. Heuristic evaluation. In J. Nielsen & R. L. Mack(Eds.) , *Usability Inspection Methods.* New York, NY. : John Wiley & Sons, 1994.

[34] O'Brien, S. , Choudhury, R. , Meer, J. v. d. & Monasterio, N. A. Dynamic Quality Evaluation Framework. De Rijp, The Netherlands: TAUS BV, 2011.

[35] Ogden, C. K. , Richards, I. A. , Malinowski, B. , Crookshank, F. G. & Postgate, J. P. *The meaning of meaning: a study of the influence of language upon thought and of the science of symbolism.* London, New York: K. Paul, Trench Harcourt, Brace & company, 1923.

[36] Quah, C. K. *Translation and Technology.* New York: Palgrave MacMillan, 2006.

[37] Sag, I. A. , Baldwin, T. , Bond, F. , Copestake, A. & Flickinger, D. *Multiword Expressions: A Pain in the Neck for NLP.* Paper presented at the CICLing 2002, 2002.

[38] Sager, J. C. *Language engineering and translation consequences of automation Benjamins translation library v* 1 (pp. xix, 345 p.). [1994]. http: //site. ebrary. com/lib/ascc/ Doc? id = 10481817.

［39］ Somers，H. L. Review Article：Example-based Machine Translation. *Machine Translation*，1999，14：113-157.

［40］ Somers，H. L. *Computers and Translation*：*A Translator's Guide Benjamins translation library*.［2003］http：//site. ebrary. com/lib/ascc/Doc？id = 10032038.

［41］ Souza，C. S. d. Semiotic engineering：bringing designers and users together at interaction time. *Interacting with Computers*，2005，17：317-341.

［42］ TAUS. MT Post-editing Guidelines.［2016-09-25］. http：//www. taus. net/academy/best-practices/postedit-best-practices/machine-translation-post-editing-guidelines.

［43］ Walker，A. *SDL Trados Studio—A Practical Guide*. Birmingham，UK：Packt Publishing，2014a.

［44］ Walker，A. *SDL Trados Studio—A Practical Guide*. Birmingham：Packt Publishing Ltd，2014b.

［45］ Wright，S. E. Terminology Management Entry Structures. In S. E. Wright & G. Budin（Eds.），*Handbook of Terminology Management*：*Volume 2*：*Application-Oriented Terminology Management*. Amsterdam；Philadelphia：John Benjamins Publishing Company，2001：572-599.

［46］ Wright，S. E. & Budin，G. *Handbook of terminology management*. *Volume 1*，*Basic aspects of terminology management*（pp. xiv，370 p.）.［1997］. http：//site. ebrary. com/lib/ascc/Doc？id = 10464474.

［47］ Wright，S. E. & Wright，L. D. Terminology management for technical translation. In S. E. Wright & G. Budin（Eds.），*Handbook of terminology management*. *Volume 1*，*Basic aspects of terminology management*. Amsterdam；Philadelphia：J. Benjamins，1997：147-159.

［48］ 陈谊，范姣莲. 计算机辅助翻译——新世纪翻译的趋势. 中国现代教育装备，2008（12）：30-32.

［49］ 崔启亮，胡一鸣. 翻译与本地化工程技术实践. 北京：北京大学出版社，2011.

［50］ 冯志伟. 现代术语学引论. 北京：商务印书馆，2011.

［51］ 靳光洒. 计算机辅助翻译技术的现状与发展趋势论析. 沈阳工程学院学报（自然科学版），2010，6（3）：264-266，280.

［52］ 刘涌泉. 略论我国的术语工作. 刘青. 中国术语学研究与探索. 北京：商务印书馆，2010：315-330.

［53］ 罗选民. 论翻译的转换单位. 外语教学与研究，1992，4：32-37.

[54] 马祖毅．中国翻译简史——"五四"以前部分．北京：中国对外翻译出版公司，2004.

[55] 彭长江．论翻译过程涉及的各种言语单位——与曾利沙先生商榷．解放军外国语学院学报，2005(4)：46-50.

[56] 钱多秀．计算机辅助翻译．北京：外语教学与研究出版社，2011.

[57] 宋培彦，王星，李俊莉．术语知识库的构建与服务研究．情报理论与实践，2014(11)：110-113.

[58] 苏明阳，丁山．翻译单位研究对计算机辅助翻译的启示．外语研究，2009(6)：84-89.

[59] 谭载喜．西方翻译简史．北京：商务印书馆，1991.

[60] 王斌．汉英双语语料库自动对齐研究．北京：中国科学院，1999.

[61] 王冰．我国早期物理学名词的翻译及演变．刘青．中国术语学研究与探索．北京：商务印书馆，2010：441-461.

[62] 王华树．浅议实践中的术语管理．中国科技术语，2013(02)：11-14.

[63] 王华树．信息化时代的计算机辅助翻译技术研究．外文研究，2014，2(3)：92-108.

[64] 王华树，冷冰冰，崔启亮．信息化时代应用翻译研究体系的再研究．上海翻译，2013(1)：7-13.

[65] 王华树，刘梦佳．国外翻译服务标准研究初探．翻译论坛，2015(03)：23-29.

[66] 王华树，张政．翻译项目中的术语管理研究．上海翻译，2014(04)：64-69.

[67] 王华伟，王华数．翻译项目管理实务．北京：中国出版传媒股份有限公司；中国对外翻译出版有限公司，2012.

[68] 王正．翻译记忆系统的发展历程与未来趋势．编译论丛，2011，4(1)：133-160.

[69] 吴云芳，穗志方，邱利坤，等．信息科学与技术领域术语部件描述．语言文字应用，2003(04)：34-39.

[70] 许钧．简论翻译过程的实际体验与理论探索．外语与外语教学，2003(04)：33-39，51.

[71] 杨颖波，王华伟，崔启亮．本地化与翻译导论．北京：北京大学出版社，2011.

[72] 叶娜，张桂平，韩亚冬，等．从计算机辅助翻译到协同翻译．中文信息学报，2012，26(6)：1-10.

[73] 俞敬松，王华树．计算机辅助翻译硕士专业教学探讨．中国翻译，2010(3)：38-42，96.

［74］张南军，顾小放，张晶晶．中国制订翻译服务标准的成因、目的及意义．世界翻译大会，2008.

［75］张普．流通度在 IT 术语识别中的应用分析．刘青．中国术语学研究与探索．北京：商务印书馆，2010：556-569.

［76］张文静，梁颖红．术语抽取技术研究．信息技术，2008（03）：6-9.

［77］钟云飞，唐少炎．计算机排版原理．北京：印刷工业出版社，2005.

［78］周浪．中文术语抽取若干问题研究．南京：南京理工大学，2010.

［79］周世生，董明达．计算机排版原理．西安：西北工业大学出版社，1991.

［80］朱耘婵．合作翻译中专业术语翻译差异性探究．武汉：华中科技大学，2016.